全国高等学校新工科系列教材

HUAGONG JICHU SHIYAN

化工基础实验

冉茂飞　陈晓　刘军　主编

U0243666

化学工业出版社
·北京·

内容简介

  《化工基础实验》为高等学校化工基础实验课程教材。书中介绍了课程目的与特点、教学内容与方法、实验各环节要求、实验室安全以及实验数据处理方法与技术。根据课程特点设置了流体流线演示实验、雷诺演示实验、流体流动阻力测定实验等 16 个化工原理实验以及二氧化碳临界状态观测及 $p\text{-}V\text{-}T$ 测定实验、单釜及多釜串联反应器停留时间分布测定实验、管式反应器流动特性测定实验等 8 个化工专业实验，同时附有相关基础知识和技术、国际单位制和基本常数。本书针对化工及相关专业学生进行动量传递、热量传递、质量传递等工程实验的系统训练，相关实验原理、实验装置与流程、实验步骤等内容简洁易懂、便于实操；部分实验设备采用计算机在线数据采集与控制系统，引入先进的测试手段和数据处理技术；部分实验报告要求采用小论文形式撰写，旨在提高学生写作能力、综合应用知识能力和科研能力；书中提供的化工实验数据的处理方法也适用于相近专业的实验数据处理和化工原理课程设计。

  《化工基础实验》可作为高等学校化工、生物化工、环境化工等专业本科和大专学生的化工基础实验教材，也可供相关专业技术人员参考。

图书在版编目（CIP）数据

  化工基础实验/冉茂飞，陈晓，刘军主编. —北京：化学工业出版社，2021.8（2022.4 重印）

  全国高等学校新工科系列教材

  ISBN 978-7-122-39346-3

  Ⅰ.①化… Ⅱ.①冉…②陈…③刘… Ⅲ.①化学工程-化学实验-高等学校-教材 Ⅳ.①TQ016

  中国版本图书馆 CIP 数据核字（2021）第 112364 号

责任编辑：丁建华　徐雅妮   装帧设计：韩　飞
责任校对：李　爽

出版发行：化学工业出版社（北京市东城区青年湖南街 13 号　邮政编码 100011）
印　　装：北京印刷集团有限公司
787mm×1092mm　1/16　印张 8¾　字数 214 千字　2022 年 4 月北京第 1 版第 2 次印刷

购书咨询：010-64518888   售后服务：010-64518899
网　　址：http://www.cip.com.cn
凡购买本书，如有缺损质量问题，本社销售中心负责调换。

定　　价：29.00 元

→ 前言

　　本书是在西南民族大学《化工原理实验讲义》基础上，经过十余年的教学实践并针对新型自动化实验设备，不断与时俱进，引入新思路、新技术和新的实验内容，为满足新工科和工程认证背景下民族类高校"化学工程与工艺"专业培养目标及新时期社会对人才培养所提出的新要求而编写的。

　　本书为化工及相关类专业的基础实验教材，注重化工专业基础实验内容的科学性和关联性，强调实验研究全过程的多种能力和素质的联合培养与综合训练，强化学生的素质培养和创新意识。因此教材内容的涉及面广、关联性强。第1～2章着重介绍了科学安排实验、定量评价实验结果的方法，以及实验室安全基本内容；第3～4章主要含化工原理实验（单元操作实验）、化工专业实验（综合实验）两大部分，依托新型自动化实验设备，囊括了大部分化工单元操作过程，涉及演示、设计、验证等实验类型，帮助读者加深理解和巩固化工单元操作的基本原理，掌握各类化工设备的工作原理及操作方法，强化利用现代化工测试技术、实验方法学等理论知识，提升操作大型化工设备开展综合性、设计性实验的能力，培养分析和解决化工过程中工程问题的能力；附录重点介绍了化工实验和实际生产中一些常用设备的工作原理及使用方法，如高压气瓶的使用方法、阿贝折射仪的测量方法等内容，以及实验中涉及的物料物性表、国际单位制和基本常数表，方便读者自学和参考。

　　本书由西南民族大学冉茂飞、陈晓、刘军主编，程昌敬、余海溶、梁婷、代爱、左芳、郭章龙等参编。全书共4章，编写分工如下：第1章陈晓；第2章梁婷；第3章余海溶、刘军、程昌敬；第4章代爱、冉茂飞、陈晓、左芳；附录章节郭章龙；全书统稿冉茂飞。石蕊进行了大部分文稿校对工作。本书得以出版，实是集体努力的结晶，在此对教研室丁克毅、刘东、张嫱等老师对教材编写做出的贡献一并感谢。成书过程中，得到了西南民族大学国家级新工科研究与改革实践项目的资助，特此致谢。

　　本书可作为化工、化学、制药、食品等专业的化工实验教材或教学参考书，亦可供从事化工研究的人员参考。由于编写时间有限，很多内容是作者的经验和见解，不妥之处，衷心地希望读者不吝指正，使本书日臻完善。

编者
2021 年 3 月

第一章　绪论 ………………………………………………… 1

　第一节　课程目的与特点 …………………………………… 1

　　一、课程目的 ……………………………………………… 1

　　二、课程特点 ……………………………………………… 1

　第二节　教学内容与方法 …………………………………… 2

　　一、教学内容 ……………………………………………… 2

　　二、教学方法 ……………………………………………… 2

　第三节　实验各环节要求 …………………………………… 2

　　一、实验预习 ……………………………………………… 2

　　二、实验操作 ……………………………………………… 3

　　三、测定、记录和数据处理 ……………………………… 3

　　四、实验报告编写 ………………………………………… 3

　第四节　实验室安全 ………………………………………… 4

　　一、基本要求 ……………………………………………… 5

　　二、防火安全 ……………………………………………… 5

　　三、用电安全 ……………………………………………… 5

　　四、用水安全 ……………………………………………… 5

　　五、高温蒸汽的安全使用 ………………………………… 6

　　六、高压钢瓶的安全使用 ………………………………… 6

　　七、汞的安全使用 ………………………………………… 6

第二章　实验数据处理 ……………………………………… 8

　第一节　测定、记录和数据处理 …………………………… 8

　　一、确定测定数据 ………………………………………… 8

　　二、实验数据的分割 ……………………………………… 8

　　三、读数与记录 …………………………………………… 8

　　四、数据的整理及处理 …………………………………… 9

　第二节　有效数字的处理 …………………………………… 10

　　一、有效数字及其表示方法 ……………………………… 10

　　二、有效数字的运算规则 ………………………………… 10

　第三节　实验结果的数据处理 ……………………………… 11

一、列表法 ·· 11

二、图解法 ·· 12

三、方程法 ·· 13

四、用最小二乘法拟合曲线 ································ 14

第三章　化工原理实验 ···································· **18**

实验一　流体流线演示实验 ································ 18

实验二　雷诺演示实验 ·· 20

实验三　流体流动阻力测定实验 ························· 24

实验四　离心泵特性曲线测定实验 ····················· 28

实验五　流量计标定实验 ···································· 32

实验六　恒压过滤常数测定实验 ························· 35

实验七　固体流态化实验 ···································· 39

实验八　空气-空气给热系数测定实验 ················ 43

实验九　空气-蒸汽给热系数测定实验 ················ 47

实验十　填料塔吸收传质系数测定实验 ··············· 53

实验十一　筛板塔精馏实验 ································ 56

实验十二　填料塔精馏实验 ································ 61

实验十三　液-液萃取实验 ·································· 65

实验十四　板式塔流体力学测试实验 ··················· 69

实验十五　流化床干燥实验 ································ 74

实验十六　管路拆装实验 ···································· 79

第四章　化工专业实验 ···································· **84**

实验一　二氧化碳临界状态观测及 p-V-T 测定实验 ············· 84

实验二　单釜及多釜串联反应器停留时间分布测定实验 ··········· 89

实验三　管式反应器流动特性测定实验 ··············· 94

实验四　超疏水表面的制备与表征实验 ··············· 99

实验五　浸渍法制催化剂的比表面积测定实验 ········ 102

实验六　二氧化碳甲烷化反应实验 ····················· 106

实验七　膜分离（微滤和超滤）实验 ··················· 111

实验八　一氧化碳中-低温变换实验 ··················· 117

附录 ·· **122**

附录一　基础知识和技术 ···································· 122

附录二　国际单位制和基本常数 ························· 126

参考文献 ·· **134**

第一章 | 绪 论

第一节 课程目的与特点

一、课程目的

化工基础实验教学的目的主要有以下几点：

① 巩固和深化理论知识。

在学习化工原理课程的基础上，进一步了解和理解一些比较典型的已被或将被广泛应用的化工过程与设备的原理和操作，巩固和深化化工原理的理论知识。

② 提供理论联系实际的机会。

利用所学的化工原理等化学化工理论知识解决实验中遇到的各种实际问题，同时学习在化工领域内如何通过实验获得新的知识和信息。

③ 培养学生从事科学实验的能力。

实验能力主要包括：a. 为了完成一定的研究课题，设计实验方案的能力；b. 进行实验，观察和分析实验现象的能力和解决实验问题的能力；c. 正确选择和使用测量仪表的能力；d. 利用实验的原始数据进行数据处理以获得实验结果的能力；e. 运用文字表达实验报告的能力等。学生只有通过一定数量的实验训练，才能掌握各种实验技能，为将来从事科学研究和解决工程实际问题打好坚实的基础。

④ 培养科学的思维方法、严谨的科学态度和良好的科学作风，提高自身素质水平。

⑤ 不断引进新的化工技术和实验技术，开阔眼界，启发创新意识。

二、课程特点

本课程强调实践性和工程观念，并将能力和素质培养贯穿于实验课的全过程。围绕化工原理课程中的基本理论，开设有单元操作实验和综合实验，培养学生掌握实验研究方法，训练其独立思考、分析问题和解决问题的能力。

部分实验设备采用计算机在线数据采集与控制系统，引入先进的测试手段和数据处理技术；实验室开放管理，除完成实验教学基本内容外，可为对化工原理实验感兴趣的同学提供实验场所，培养学生的科研能力和创新精神。

本课程的部分实验报告采用小论文形式撰写，这类实验报告的撰写是提高学生写作能力、综合应用知识能力和科研能力的一个重要手段，可为毕业论文和今后工作所需的科学研究和科学论文的撰写打下坚实的基础。

第二节　教学内容与方法

一、教学内容

化工基础实验教学内容主要包括实验理论教学和典型单元操作实验及综合实验。

（1）实验理论教学

主要讲述化工基础实验教学的目的、要求和方法；化工基础实验的特点；化工基础实验的研究方法；实验数据的误差分析；实验数据的处理方法；与化工基础实验有关的计算机数据采集与控制基本知识等。

（2）典型单元操作实验及综合实验

各典型单元操作实验及综合实验的操作内容按照课程教学大纲设计的要求和流程在相关实验设备上开展。其实验开设的顺序可参考同学期化工理论课程教学的进度。

二、教学方法

由于工程实验是一项技术工作，它本身就是一门重要的技术学科，有其自身特点和系统。为了切实加强实验教学环节，将实验课单独设课。每个实验均安排现场预习（包括仿真实验）和实验操作两个单元。化工基础实验工程性较强，有许多问题需事先考虑、分析，并做好必要的准备，因此必须在实验操作前进行现场预习和仿真实验。化工基础实验室实行开放管理，学生实验前必须预约。

化工基础实验成绩实行百分制，分为三部分：
① 预习情况、现场提问占10%。
② 实验操作占40%。
③ 实验报告质量占50%。

第三节　实验各环节要求

化工基础实验包括：实验预习；实验操作；测定、记录和数据处理；实验报告编写四个主要环节，各个环节的具体要求如下。

一、实验预习

本实验课工程性很强，有许多问题需事先考虑、分析，并做好必要的准备。要达到实验目的中所提出的要求，仅知道实验原理是不够的，必须做到以下几点。

① 认真阅读实验讲义，复习课程教材以及参考书的有关内容，明确本实验的目的与要求。

② 为培养能力，应试图对每个实验提出问题，带着问题到实验室现场预习。在现场结合《化工基础实验》教材，仔细查看装置流程，熟悉设备装置的结构及特点；测试仪表的种类及安装位置。

③ 明确操作程序与所要测定参数的项目，了解相关仪表的类型和使用方法以及参数的

调整、实验测试点的分配等。

④ 列出本实验需在实验室得到的全部原始数据和操作现象观察项目的清单，画出便于记录的原始数据表格。

⑤ 实验预习报告，主要内容如下。

a. 实验目的和内容；

b. 实验基本原理和方案；

c. 实验装置及流程图（包括实验设备的名称、规格与型号等）；

d. 实验操作步骤；

e. 实验布点及实验原始数据记录表格设计。

二、实验操作

一般以 3～5 人为小组进行实验，实验前必须做好组织工作，做到既分工、又合作。每个组员要各负其责，并且要在适当的时候进行轮换工作，这样既能保证质量，又能获得全面的训练。实验操作注意事项如下：

① 实验设备的启动操作，应按教材说明的程序逐项进行，设备启动前必须检查。以下两点皆为正常时，才能合上电闸，使设备运转。

a. 对风机、压缩机、真空泵等设备，启动前先用手扳动联轴节，看能否正常转动。

b. 设备、管道上各个阀门的开闭状态是否符合流程要求。

② 操作过程中设备及仪表有异常情况时，应立即按停车步骤停车并报告指导教师，对问题的处理应了解其全过程，这是分析问题和处理问题的极好机会。

③ 操作过程中应随时观察仪表指示值的变动，确保操作过程在稳定条件下进行。出现不符合规律的现象时应注意观察研究，分析其原因，不要轻易放过。

④ 停车时，应先将汽源、水源、电源关闭，然后切断电机电源，再将各阀门恢复至实验前的位置（开或关）。

三、测定、记录和数据处理

由于这部分内容较多且十分重要，故在第二章进行详细介绍。

四、实验报告编写

实验报告是实验工作的全面总结和系统概括，是实践环节中不可缺少的一个重要组成部分。化工基础实验具有显著的工程性，属于工程技术科学的范畴，它研究的对象是复杂的实际问题和工程问题，因此化工基础实验的实验报告可以按传统实验报告格式或小论文格式撰写。

本课程实验报告的内容应包括以下几项。

(1) 实验报告封面

实验名称，报告人姓名、班级及同组实验人姓名，实验地点，指导教师，实验日期，上述内容作为实验报告的封面。

(2) 实验目的

简明扼要地说明为什么要进行本实验，实验要解决什么问题。

(3) 实验的理论依据（实验原理）

简要说明实验所依据的基本原理，包括实验涉及的主要概念，实验依据的重要定律、公式及据此推算的重要结果。要求准确、充分。

(4) 实验装置流程示意图

简单地画出实验装置流程示意图和测试点、控制点的具体位置及主要设备、仪表的名称，标出设备、仪器仪表及调节阀等的标号，在流程图的下方写出图名及与标号相对应的设备、仪器等的名称。

(5) 实验操作要点及注意事项

根据实际操作程序划分为几个步骤，并加上序号，以使条理更为清晰。对于操作过程的说明应简单、明了。

对于容易引起设备或仪器仪表损坏、容易发生危险以及一些对实验结果影响比较大的操作，应在注意事项中注明，以引起注意。

(6) 原始数据记录

记录实验过程中从测量仪表所读取的数值。读数方法要正确，记录数据要准确，要根据仪表的精度决定实验数据的有效数字的位数。

(7) 数据处理

数据处理是实验报告的重点内容之一，要求将实验原始数据经过整理、计算、加工成表格或图的形式。表格要易于显示数据的变化规律及各参数的相关性；图要能直观地表达变量间的相互关系。化工原理实验数据均可采用实验数据处理系统进行自动处理，只要求学生以某一组原始数据为例，列出计算过程，以掌握本实验数据整理表中的结果是如何得到的。

(8) 实验结果的分析与讨论

实验结果的分析与讨论是作者理论水平的具体体现，也是对实验方法和结果进行的综合分析研究，是工程实验报告的重要内容之一，主要内容包括：

① 从理论上对实验所得结果进行分析和解释，说明其必然性；

② 对实验中的异常现象进行分析讨论，说明影响实验的主要因素；

③ 分析误差的大小和原因，指出提高实验结果的途径；

④ 将实验结果与前人和他人的结果对比，说明结果的异同，并解释这种异同；

⑤ 本实验结果在生产实践中的价值和意义、推广和应用效果的预测等；

⑥ 由实验结果提出进一步的研究方向或对实验方法及装置提出改进建议等。

(9) 思考题

结合实验过程及实验原理，分析回答思考题。

第四节　实验室安全

化工基础实验是一门实践性很强的基础课程，与四大基础化学实验不同，每一套实验设备都是一个小型生产单元，涉及的电器、仪表和设备等较多，须特别注意实验仪表设备的安全使用。特别是部分实验过程中涉及使用危险化学品以及高温高压等条件，因此在进行实验操作之前应严格遵守基本安全要求，掌握实验室防火、用电、高压气瓶、高温蒸汽以及化学品使用等方面的安全知识。

一、基本要求

进入实验室必须穿实验服，不准穿拖鞋、短裤、短裙，长发须捆绑。严禁携带餐具和食物进入实验室，严禁在实验室内进食、吸烟，严禁在实验过程中嬉戏打闹，不得在没有老师允许和指导的情况下擅自启动或使用实验设备。

二、防火安全

火灾对实验室构成严重的威胁，将对实验室的人身、财产等造成毁灭性的伤害，化工实验室涉及易燃易爆化学品的存放与使用、大功率电气设备的使用，是潜在的火灾危险源，使用过程中应遵守以下规定：

① 不得违反设备操作规程。化工实验室进行的如蒸馏、回流、换热等典型操作危险性大，若操作者没有准备或违反操作规则、不听劝阻或指导、未经批准擅自操作等，均易引发火灾爆炸事故。

② 注意易燃易爆危险品的存放与使用安全。化工实验室中涉及一些易燃、易爆等危险化学品的使用，在储存和使用中操作不当可能酿成火灾事故。

③ 严防电气火灾危险。化工实验室中涉及用电电器多，功率较大，若不注意安全用电也易造成火灾事故的发生。实验前检查设备，对已经老化的线路及时更换，另外必须要熟悉消防器材的使用方法。一旦发生火情应冷静判断情况，立即采取有效措施，迅速取出合适的灭火器或其他消防器材等进行灭火，并立即报警。

三、用电安全

违章用电可能造成仪器设备损坏、火灾及人身伤亡等事故，化工实验室涉及用电设备较多，功率较大，应特别注意用电安全。为保障人身财产安全，应注意以下安全用电规定：

① 严禁用手触摸电源，操作电器时保持手的干燥。

② 实验室所有电闸和插座均配备绝缘盒套，电线接头不得裸露应裹上绝缘胶布。

③ 检查与维护设备时应切断电源防止带电操作。

④ 仪器插头连线要正确、牢固，功率匹配恰当，使用前注意检查导线是否松动脱落，防止短路。

⑤ 禁止超负荷用电。

⑥ 实验完成应关闭电源，拔掉插座。

⑦ 一旦发生人体触电或电气火灾应立即切断电源并及时采取救护措施，扑灭电器火灾应使用粉末灭火器或 CO_2 灭火器，不得使用水和泡沫灭火器。

四、用水安全

化工实验室中的仪器设备大多需要涉及用水，应严格注意用水安全，遵守以下规定：

① 严禁私自拆、改实验室水路。

② 严禁使用不合格或不适宜的水管、水龙头及各种水管接头。

③ 定期检查水管和接头，防止实验室漏水，使用塑料水管或其他容易老化水管的地方要随时检查、定期更换水管。

④ 定期检查用水仪器设备的管路接头等，防止设备漏水。

⑤ 设备停止使用后，须排出水箱等设备中的水并关闭水阀。

⑥ 发现漏水应及时采取有效措施进行处理，防止地面积水湿滑，当心滑倒。

五、高温蒸汽的安全使用

蒸汽具有高温和高压的特征，其本身含有大量热能，液化过程会释放大量能量，接触皮肤后会造成严重伤害，蒸汽发生器属于高温高压的热能设备，一旦发生事故危害极大，因此在使用过程中应注意防止烫伤和爆炸，须严格遵守以下规定：

① 蒸汽发生器应定期检验，未经检验或检验不合格的蒸汽发生器不得使用。

② 蒸汽发生器的安全阀和压力表等附件应每年检验一次，未经检验或检验不合格不得使用。

③ 操作相关设备时须小心谨慎，防止蒸汽烫伤。

④ 如被蒸汽烫伤，应立即用大量水冲洗（不能擦洗），并立即就医防止感染，轻微烫伤可用冷水冲洗后涂抹烫伤药膏。

六、高压钢瓶的安全使用

气体钢瓶由无缝碳素钢或合成钢制成，适用于装介质在 15MPa 以下的气体，气瓶使用过程中主要危险为爆炸和气体泄漏，必须注意以下事项：

① 高压气瓶存放应避免曝晒及强烈振动，远离热源，禁止敲击、碰撞，气瓶应固定在支架上，以防滑倒，应尽量存放于相应气瓶柜。

② 高压气瓶上使用的减压阀要专用，安装时螺扣须上紧。

③ 开关高压气瓶瓶阀时，应用手或专门扳手，不得随便使用凿子、钳子等工具硬扳，以防损坏瓶阀。

④ 使用装有易燃、易爆、有毒气体的气瓶时，应保证良好的通风换气。

⑤ 开启高压气瓶时，操作者须站在气瓶出气口的侧面，气瓶应直立，然后缓缓旋开瓶阀，气体必须经减压阀减压，不得直接放气。

⑥ 气瓶内气体不得全部用尽，剩余残压。余压一般应为 2kgf/cm^2（1kgf/cm^2 = 98.0665kPa）左右，至少不得低于 0.5kgf/cm^2。

七、汞的安全使用

汞是剧毒物质，一般吞食 0.1～0.3g 剂量即发生急性中毒致死，实验室中的汞应由专人保管。使用过程中应注意防止汞蒸发，减少空气中的汞含量，防止吸入汞蒸气而发生慢性汞中毒，应严格遵守以下安全用汞相关规定：

① 不要让汞直接暴露于空气中，盛汞的容器应在汞面上加盖一层水。

② 装汞的仪器下面一律放置浅瓷盘，防止汞滴散落到桌面上和地面上。

③ 一切转移汞的操作，应戴好乳胶手套，并在浅瓷盘内进行（盘内装水）。

④ 实验前要检查使用汞的仪器是否放置稳固，橡皮管或塑料管连接处是否缚牢。

⑤ 当有汞散落应及时处理，首先尽可能地用吸汞管将汞珠收集，再用金属片（如 Zn、Cu）在汞溅落处反复刮扫，最后用硫黄粉覆盖并摩擦使之变为 HgS，也可用高锰酸钾溶液使之氧化。

⑥ 储汞的容器要用厚壁玻璃器皿或瓷器并且远离热源，使用汞的仪器设备应避免受热。

⑦ 含汞废液和一切接触过汞的废弃物必须集中回收并统一处理，严禁将含汞废液直接倒入下水道。

⑧ 使用汞的实验室应具备良好的通风。

第二章 | 实验数据处理

第一节 测定、记录和数据处理

一、确定测定数据

凡是对实验结果有关或是整理数据时必需的参数都应一一测定。原始数据记录表的设计应在实验前完成。原始数据应包括工作介质性质、操作条件、设备几何尺寸及大气条件等。并不是所有数据都要直接测定，凡是可以根据某一参数推导出或根据某一参数由手册查出的数据，就不必直接测定。例如水的黏度、密度等物理性质，一般只要测出水温后即可查出，因此不必直接测定水的黏度、密度，而应该改测水的温度。

二、实验数据的分割

一般来说，实验时要测的数据尽管有许多个，但常常选择其中一个数据作为自变量来控制，而把其他受其影响或控制的随之而变的数据作为因变量，如离心泵特性曲线就把流量选择作为自变量，而把其他同流量有关的扬程、轴功率、效率等作为因变量。实验结果又往往要把这些所测的数据标绘在各种坐标系上，为了使所测数据在坐标上得到分布均匀的曲线，就涉及实验数据均匀分割的问题。实验中最常用的有两种坐标——直角坐标和双对数坐标，坐标不同所采用的分割方法也不同。其分割值 x 与实验预定的测定次数 n 以及其最大、最小的控制量 x_{max}、x_{min} 之间的关系如下：

① 对于直角坐标系：

$$x_1 = x_{min}, \quad \Delta x = \frac{x_{max} - x_{min}}{n-1}, \quad x_{i+1} = x_i + \Delta x \quad (i = 1 \sim n) \tag{2-1}$$

② 对于双对数坐标：

$$x_1 = x_{min}, \quad \lg \Delta x = \frac{\lg x_{max} - \lg x_{min}}{n-1} \tag{2-2}$$

$$\Delta x = \left(\frac{x_{max}}{x_{min}}\right)^{\frac{1}{n-1}}, \quad x_{i+1} = x_i \Delta x \tag{2-3}$$

三、读数与记录

① 待设备各部分运转正常，操作稳定后才能读取数据。如何判断是否已达稳定？一般是经两次测定其读数应相同或十分相近。当变更操作条件后各项参数达到稳定需要一定的时间，因此也要待其稳定后方可读数，以排除因仪表滞后现象导致读数不准的情况，否则

易造成实验结果无规律甚至反常。

② 同一操作条件下，不同数据最好几人同时读取，若操作者同时兼读几个数据时，应尽可能动作敏捷。

③ 每次读数都应与其他有关数据及前一点数据对照，看看相互关系是否合理。如不合理应查找原因，并在记录上注明。

④ 所记录的数据应是直接读取的原始数值，不要经过运算后记录，例如秒表读数 1 分 23 秒，应记为 1'23"，不要记为 83"。

⑤ 读取数据必须充分利用仪表的精度，读至仪表最小分度以下一位数，这个数应为估计值。

如水银温度计最小分度为 0.1℃，若水银柱恰指 22.4℃时，应记为 22.40℃（注意：过多取估计值的位数是毫无意义的）。

碰到有些参数在读数过程中波动较大，首先要设法减小其波动。在波动不能完全消除情况下，可取波动的最高点与最低点两个数据，然后取平均值，在波动不很大时可取一次波动的高低点之间的中间值作为估计值。

⑥ 不要凭主观臆测修改记录数据，也不要随意舍弃数据，对可疑数据，除有明显原因，如读错、误记等情况使数据不正常可以舍弃之外，一般应在数据处理时检查处理。

⑦ 记录完毕要仔细检查一遍，有无漏记或记错之处，特别要注意仪表上的计量单位。实验完毕，须将原始数据记录表格交指导教师检查并签字，认为准确无误后方可结束实验。

四、数据的整理及处理

① 原始记录只可进行整理，绝不可以随便修改。经判断确实为过失误差造成的不正确数据须注明后方可剔除不计入结果。

② 采用列表法整理数据清晰明了，便于比较，一张正式实验报告一般要有四种表格：原始数据记录表、中间运算表、综合结果表和结果误差分析表。中间运算表之后应附有计算示例，以说明各项之间的关系。

③ 运算中尽可能利用常数归纳法，以避免重复计算，减少计算错误。例如流体阻力实验，计算雷诺数 Re 和管内摩擦系数 λ 值，可按以下方法进行。

例如，Re 的计算

$$Re = \frac{du\rho}{\mu} \tag{2-4}$$

式中，管径 d、黏度 μ、密度 ρ 在水温不变或变化甚小时可视为常数，合并为 $A = \dfrac{d\rho}{\mu}$，故有

$$Re = Au \tag{2-5}$$

A 的值确定后，改变流速 u 值可算出 Re 值。

又例如，管内摩擦系数 λ 值的计算，由直管阻力计算公式

$$\Delta p = \lambda \frac{l}{d} \times \frac{\rho u^2}{2} \tag{2-6}$$

得　　$$\lambda = \frac{d}{l} \times \frac{2}{\rho} \times \frac{\Delta p}{u^2} = B' \frac{\Delta p}{u^2} \tag{2-7}$$

$$B' = \frac{d}{l} \times \frac{2}{\rho} \qquad (2\text{-}8)$$

式中，l 为管长。又实验中流体压降 Δp，用 U 形管压差计读数 R 测定，则

$$\Delta p = gR(\rho_0 - \rho) = B''R \qquad (2\text{-}9)$$

常数 $$B'' = g(\rho_0 - \rho) \qquad (2\text{-}10)$$

式中，ρ_0 为指示液密度；g 为重力加速度。将 Δp 代入上式整理为

$$\lambda = B'B'' \frac{R}{u^2} = B \frac{R}{u^2} \qquad (2\text{-}11)$$

常数 $$B = \frac{d}{l} \times \frac{2g(\rho_0 - \rho)}{\rho} \qquad (2\text{-}12)$$

在确定的测定条件下，式(2-11)中变量仅有 R 和 u，这样 λ 的计算非常方便。

实验结果及结论用列表法、图解法或方程法（回归分析法）来说明都可以，但均需标明实验条件。列表法、图解法和方程法详见第三节实验结果的数据处理。

第二节　有效数字的处理

一、有效数字及其表示方法

所谓有效数字是指一个数中除最末一位数欠准或不确定外，其余各位数都是准确知道的，这个数有几位数，就说明这个数有几位有效数字。

有效数字既反映数的大小，又表示在测量或计算中能够准确地量出或读出的数字，因此它与测量仪表的精确度有关，在有效数字中只许包含一位估计数字（末位为估计数字），而不能包含两位估计数字。

例如分度值为 1℃ 的温度计，读数 24.5℃，则三个数字都是有效数字（其中末位是许可估计数），而记为 25℃ 或 24.47℃ 都是不正确的。对于精度为 1/10℃ 的温度计，室温 20.36℃ 有效数字是四位，其中第四位是估计值。51.1g 和 0.0515g 都是三位有效数字，1500m 代表四位有效数字，而 1.5×10^3 m 则只代表两位有效数字，若写成 1.500×10^3 m 则表示四位有效数字，这时 1.500 中的 "0" 不能省去，表示这个数值与实际值只相差不过 10m。

二、有效数字的运算规则

(1) 估计数字

记录、测量只准保留一位估计数字。

(2) 四舍五入

当有效数字确定后，其余数字一律弃去，舍弃的办法是四舍五入，偶舍奇入。即末位有效数字后面第一位大于 5 则在前一位上加上 1，小于 5 就舍去，若等于 5 时，前一位是奇数就增加 1，前一位是偶数则舍去。例如有效数字是三位时，12.36 应为 12.4；12.34 应为 12.3；而 12.35 应为 12.4；但 12.45 就应为 12.4，而不是 12.5。

(3) 加减法规则

以计算流体的进、出口温度之和、之差为例，若测得流体进、出口温度分别为 17.1℃ 和 62.35℃，则不考虑有效数字的计算数据如表 2-1 所示。

表 2-1　流体进、出口温度和与差数据表

温度和	温度差
79.45	45.25

由于运算结果具有两位存疑值；它和有效数字的概念（每个有效数字只能有一位存疑值）不符，故第二位存疑数应作四舍五入加以抛弃。所以，两者的结果为温度和等于 79.4℃，温度差等于 45.2℃。

从上面例子可以看出，为了保证间接测量值的精度，实验装置中选取仪器时，其精度要一致，否则系统的精度将受到精度低的仪器仪表的限制。

(4) 乘除法运算

两个量相乘（或相除）的积（或商），与其有效数字位数量少的相同。
① 乘方、开方后的有效数字位数与其底数相同。
② 对数运算：对数的有效数字位数应与其真数相同。

第三节　实验结果的数据处理

一、列表法

为了得到关于实验研究结果的完整概念，表中所列数据应该是足够和必需的。同时，在相同条件下的重复实验也应该列入表内。

拟制实验表时，应该注意下列事项：
① 列表的表头要列出变量名称、单位量纲。单位不宜混在数字中，以致分辨不清；
② 数字记录要注意有效位数，它要与实验准确度相匹配；
③ 数据较大或较小时就用浮点数表示，阶数部分（即±n）应记录在表头；
④ 列表的标题要清楚、醒目、能恰当说明问题。

实验数据的初步整理是列表，可分为数据记录表与结果计算表两种，它们是一种专门的表格。实验原始数据记录表是根据实验内容而设计的，必须在实验正式开始之前列出表格。例如：流体流动阻力的测定，实验的原始数据记录表形式见表 2-2。

表 2-2　实验原始数据记录表

序号	体积流量/(L/s)	时间/s	沿程损失读数/cm	局部损失读数/cm	
				左	右
0					
1					
2					
3					

在实验过程中完成一组实验数据的测试，必须及时地将有关数据记录在表内。当实验完成时得到一张完整的原始数据记录表。切忌采用按操作岗位独自记录，最后在实验完成后，重新整理成原始数据记录的方法，这种方法既费时又易造成差错。流体流动阻力实验的运算表格形式如表 2-3 所示。

表 2-3 实验数据处理表

序号	流量 /(m³/s)	流速 /(m/s)	$Re/\times10^4$	沿程损失 /m H_2O	摩擦系数 λ /$\times10^{-2}$	局部损失 /m H_2O	阻力系数 ξ

二、图解法

将实验数据在一定坐标纸上绘成图形，其优点是简单直观，便于比较，容易看出数据间的联系及变化规律，查找方便。现在就有关问题介绍如下。

(1) 坐标的选择

通常化工基础实验的坐标有直角坐标、对数坐标和半对数坐标。根据预测的函数形式选择不同形式。通常总希望图形能呈直线，以便用方程表示，因此一般线性函数采用直角坐标，幂函数采用对数坐标，指数函数采用半对数坐标。

(2) 坐标的分度

习惯上横坐标是自变量 x，纵坐标表示因变量 y，坐标分度是指 x、y 轴每条坐标所代表数值的大小，它以阅读、使用、绘图以及能真实反映因变关系为原则。

① 为了尽量利用图面，分度值不一定自零开始，可以用变量的最小值整数值作为坐标起点，而高于最大值的某一整数值为坐标的终点。

② 坐标的分度不应过细或过粗，应与实验数据的精度相匹配，一般最小的分度值为实验数据的有效数字最后第二位，即有效数字最末位在坐标上刚好是估计值。

③ 当标绘的图线为曲线时，其主要的曲线斜率应以接近 1 为宜。

(3) 坐标分度值的标记

在坐标纸上应将主坐标分度值标出，标记时所有有效数字位数应与原始数据的有效数字相同，另外每个坐标轴必须注明名称、单位和坐标方向。

(4) 数据描点

数据描点是将实验数据点画到坐标纸上，若在同一图上表示不同组的数据，应以不同的符号（如×、△、□、○等）加以区别。

(5) 绘制曲线

绘制曲线应遵循以下原则：

① 曲线应光滑均整，尽量不存在转折点，必要时也可以有少数转折点。

② 曲线经过之处应尽量与所有点相接近。

③ 曲线不必通过图上各点以及两端任一点。一般两端点的精度较差，作图时不能作为

主要依据。

④ 曲线一般不应具有含糊不清的不连续点或其他奇异点。

⑤ 若将所有点分为几组绘制曲线时，则在每一组内位于曲线一侧的点数应与另一侧的点数近似相等。

三、方程法

在化工原理实验中，经常将获得的实验数据或所绘制的图形整理成方程式或经验关联式表示，以描述过程和现象及其变量间的函数关系。凡是自变量与因变量呈线性关系或允许进行线性化处理的场合，方程中的常数项均可用图解法求得。把实验点标成直线图形，求得该直线的斜率 m 和截距 b，便可得到直线的方程表示式：

$$y = b + mx \tag{2-13}$$

（1）直角坐标

直线的斜率可由图中直角三角形 $\Delta y / \Delta x$ 之比值求得，即

$$m = \frac{\Delta y}{\Delta x} \tag{2-14}$$

也可选取直线上两点，用下式计算：

$$m = \frac{y_2 - y_1}{x_2 - x_1} \tag{2-15}$$

直线的截距 b 可以直接从图上读得，当 b 不易从图上读得时可用下式计算：

$$b = \frac{y_1 x_2 - y_2 x_1}{x_2 - x_1} \tag{2-16}$$

$y = a/x$ 在直角坐标上为双曲函数，若以 $y\text{-}x^{-1}$ 作图形，在直角坐标上就为线性关系。

（2）双对数坐标

对于幂函数方程 $y = bx^m$ 在双对数坐标图中表示为一直线：

$$\lg y = \lg b + m \lg x \tag{2-17}$$

令 $Y = \lg y$；$B = \lg b$；$X = \lg x$，式(2-17)应该写成：

$$Y = B + mX \tag{2-18}$$

式(2-18)表示若对原式 x、y 取对数，而将 $Y = \lg y$ 对 $X = \lg x$ 在直角坐标图上可得一条直线，直线的斜率：

$$m = \frac{\Delta y}{\Delta x} = \frac{Y_2 - Y_1}{X_2 - X_1} = \frac{\lg y_2 - \lg y_1}{\lg x_2 - \lg x_1} \tag{2-19}$$

为了避免将每个数据都换算成对数值，可以将坐标的分度值按对数绘制（即双对数坐标），将实验 x、y 标于图上，则与先取对数再标绘笛卡儿直角坐标的所得结果是完全相同的。

工程上均采用双对数坐标，把原数据直接标在坐标纸上。

坐标的原点为 $x = 1$，$y = 1$，而不是零。因为 $\lg 1 = 0$，当 $x = 1$ 时（即 $X = \lg 1 = 0$），$Y = B = \lg b$，因此 $x = 1$ 的纵坐标上读数 y 就是 b。

b 值亦可用计算方法求出，即在直线上任取一组（x，y）数据，代入 $y=bx^m$ 方程中，用已求得的 m 值代入即可算出 b 值。

(3) 单对数坐标

单对数坐标是用于指数方程：

$$y=a\,e^{bx} \tag{2-20}$$

$$\ln y=\ln a+bx \tag{2-21}$$

$$即 \quad \lg y=\lg a+\frac{bx}{2.3} \tag{2-22}$$

$$令 \quad Y=\lg y \tag{2-23}$$

$$A=\lg a \tag{2-24}$$

$$B=\frac{b}{2.3} \tag{2-25}$$

则式(2-22) 改写成 $Y=A+Bx$，此式在单对数坐标上也是一条直线。

四、用最小二乘法拟合曲线

(1) 最小二乘法的概念

在化工实验中经常需要将实验获得的一组数据（x_i，y_i）拟合成一条曲线，并最终拟合成经验公式表示。在拟合中并不要求曲线经过所有的实验点，只要求对于给定的实验点其误差 $\delta_i=y_i-f(x_i)$ 按某一标准为最小。若规定最好的曲线是各点同曲线的偏差平方和为最小，这种方法称为最小二乘法。实验点与曲线的偏差平方和为：

$$\sum_{i=1}^{n}\delta_i^2=\sum[y_i-f(x_i)]^2 \tag{2-26}$$

(2) 最小二乘法的应用

在工程中一般希望拟合曲线呈线性函数关系，因为线性关系最为简单。下面介绍当函数关系为线性时，用最小二乘法求式中的常数项。

假设有一组实验数据（x_i，y_i）（$i=1，2，\cdots，n$）且此 n 个点落在一条直线附近。因此，数学模型为：

$$f(x)=b+mx \tag{2-27}$$

实验点与曲线的偏差平方和为：

$$\begin{aligned}
\sum_{i=1}^{n}\delta_i^2&=\sum[y_i-f(x_i)]^2\\
&=[y_1-(b+mx_1)]^2+[y_2-(b+mx_2)]^2+\cdots+[y_n-(b+mx_n)]^2
\end{aligned} \tag{2-28}$$

$$令 \quad Q=\sum_{i=1}^{n}\delta_i^2 \tag{2-29}$$

$$Q=[y_1-(b+mx_1)]^2+[y_2-(b+mx_2)]^2+\cdots+[y_n-(b+mx_n)]^2 \tag{2-30}$$

根据最小二乘法原理，满足偏差平方和为最小的条件必须是

$$由 \quad \frac{\partial Q}{\partial b}=0, \quad \frac{\partial Q}{\partial m}=0 \tag{2-31}$$

$$\frac{\partial Q}{\partial b}=-2[y_1-(b+mx_1)]-2[y_2-(b+mx_2)]-\cdots-2[y_n-(b+mx_n)]=0 \quad (2-32)$$

整理得：

$$\sum y_i-nb-m\sum x_i=0 \quad (2-33)$$

同理，由 $\dfrac{\partial Q}{\partial m}=0$，得

$$\frac{\partial Q}{\partial m}=-2x_1(y_1-b-mx_1)-2x_2(y_2-b-mx_2)-\cdots-2x_n(y_n-b-mx_n)=0 \quad (2-34)$$

整理得：

$$\sum x_iy_i-b\sum x_i-m\sum x_i^2=0 \quad (2-35)$$

由式(2-33) 得：

$$b=\frac{\sum y_i-m\sum x_i}{n}=\bar{y}-m\bar{x} \quad (2-36)$$

式(2-36) 代入式(2-35) 解得：

$$m=\frac{\sum y_i\sum x_i-n\sum x_iy_i}{(\sum x_i)^2-n\sum x_i^2} \quad (2-37)$$

相关系数 r 为：

$$r=\frac{\sum(x_i-\bar{x})(y_i-\bar{y})}{\sqrt{\sum(x_i-\bar{x})^2\sum(y_i-\bar{y})^2}} \quad (2-38)$$

相关系数是用来衡量两个变量线性关系密切程度的一个数量性指标。r 的绝对值总小于 1，即 $0\leqslant|r|\leqslant 1$。

【例 2-1】 已知一组实验数据如下，求它的拟合曲线。

x_i	1	2	3	4	5
y_i	4	4.5	6	8	8.5

解：根据所给数据在坐标纸上标出各实验点数据，由图可见实验点可拟合成一条直线，拟合方程为：$\int(x)=b+mx$。

计算结果列于下表：

x_i	y_i	x_i^2	x_iy_i
1	4	1	4
2	4.5	4	9
3	6	9	18
4	8	16	32
5	8.5	25	42.5
$\sum x_i=15$	$\sum y_i=31$	$\sum x_i^2=55$	$\sum x_iy_i=105.5$

$$m=\frac{\sum x_i\sum y_i-n\sum x_iy_i}{(\sum x_i)^2-n\sum x_i^2}=\frac{15\times31-5\times105.5}{15^2-5\times55}=1.25$$

$$b=\frac{\sum y_i-m\sum x_i}{n}=\frac{31-1.25\times15}{5}=2.45$$

所以 $\qquad\qquad\qquad f(x)=2.45+1.25x$

结果见【例 2-1】附图。

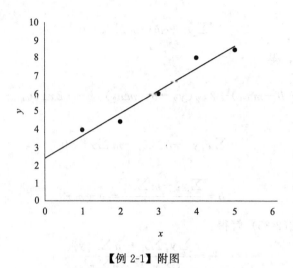

【例 2-1】附图

【例 2-2】 测定空气在圆形直管中作湍流流动时的传热膜系数所获得的实验数据如下表所列，若下述实验数据可用无量纲特征数经验式关联：

$$Nu=aRe^m$$

试求式中的 a 与 m 值。

Re_i	2.15×10^4	2.56×10^4	3.18×10^4	3.46×10^4	3.72×10^4	4.15×10^4
Nu_i	53.9	61.2	70	78	82.1	86.7

解：

$$Nu=aRe^m$$
$$\lg Nu=\lg a+m\lg Re$$

令 $\qquad\qquad y=\lg Nu$，$b=\lg a$，$x=\lg Re$，有 $y=b+mx$

数据整理列于表中：

x_i $\lg Re_i$	y_i $\lg Nu_i$	x_i^2 $(\lg Re_i)^2$	x_iy_i $(\lg Re_i \lg Nu_i)$
4.3324	1.7316	18.7697	7.5020
4.4082	1.7868	19.4322	7.8766
4.5024	1.8451	20.2716	8.3074
4.5391	1.8921	20.6034	8.5884
4.5705	1.9143	20.8895	8.7493
4.6180	1.9380	21.3259	8.9497
$\sum x_i=26.9706$	$\sum y_i=11.1079$	$\sum x_i^2=121.2923$	$\sum x_iy_i=49.9734$

$$m=\frac{\sum x_i \sum y_i-n\sum x_iy_i}{(\sum x_i)^2-n\sum x_i^2}=\frac{26.9706\times11.1079-6\times49.9734}{(26.9707)^2-6\times121.2923}=0.7449$$

$$b=\frac{\sum y_i - m\sum x_i}{n}=\frac{11.1079-0.7449\times26.9706}{6}=-1.4971$$

所以　　　$b=\lg a=-1.4971$，$a=0.03183$，$Nu=0.03183\times10^{-7}Re^{0.7449}$

结果见【例 2-2】附图。

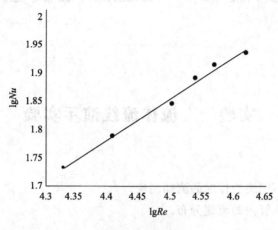

【例 2-2】附图

第三章 | 化工原理实验

实验一　流体流线演示实验

一、实验目的

1. 观察流体流过不同绕流体时的流动现象；
2. 观察不同情况下管内的流速分布。

二、基本原理

流体在流经障碍物、截面突然扩大或缩小、弯头等局部阻力骤变处时，流体的流动状况会由层流转化为湍流。流体在作湍流流动时，其质点作不规则的杂乱运动，并互相碰撞产生旋涡等现象。而流体在流过曲面，如球体、圆柱体或其他几何形状物体的表面时，无论是层流还是湍流，在一定条件下都会产生边界层与固体表面脱离的现象，并且在脱离处产生旋涡。本实验利用一定流速流体流经文丘里气体发生器产生的气泡模拟出流体的流动情况，让学生清楚地观察到湍流旋涡、边界层分离、流速分布等现象。

三、实验装置与流程

实验装置如图 3-1 所示。主要由低位水箱、水泵、气泡整流部分、演示部分等部分组成。

演示时，启动水泵，调节总水路的水流量。实验装置提供 6 块不同绕流体的演示板，如图 3-2 所示，可随意选择其中一块或同时使用几块进行实验。利用各分路上的水量调节阀调节水流量，文丘里处的针形阀调节好气泡大小（不同板对比实验时气泡大小要尽可能一致），比较流体流过不同绕流体的流动情况。演示板主要模拟流体流经孔板、列管换热器管子排列方式、换热器挡板结构、圆柱体、流线体、直角弯头、变截面通道、阀门等绕流体的流动情况。可以观察到流体流经绕流体时所产生的边界层分离现象、流速分布，气泡、旋涡的大小反映了流体流经不同绕流体时的流动损失的大小。实验室有条件可同时给水添加颜料，以达到更好的实验效果。

四、实验步骤

1. 检查线路，确定电路安全，水泵正常。
2. 开启水泵，进水调节阀全开，控制出水阀，调节流量。
3. 打开欲进行演示的绕流体演示板的分进水阀，控制流量。

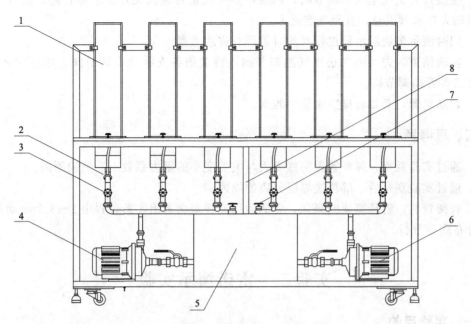

图 3-1 流体流线演示实验装置

1—演示部分；2—文丘里气泡调节阀；3—进水调节阀；4,6—水泵；
5—水箱；7—排水管路；8—溢流水管

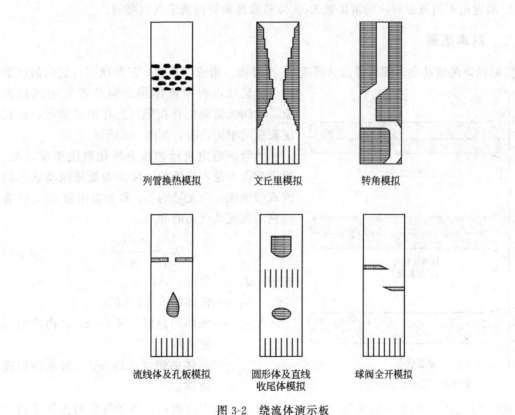

列管换热模拟　　　　文丘里模拟　　　　转角模拟

流线体及孔板模拟　　圆形体及直线　　　球阀全开模拟
　　　　　　　　　　收尾体模拟

图 3-2 绕流体演示板

4. 缓缓打开文丘里气泡调节阀，观察外界大气是否进入文丘里液体管路，若气体未进入则需加大进水阀流量，直至气泡进入。

5. 同时演示多块演示板进行对比时需调节进水流量。

6. 实验结束，先关闭文丘里气泡调节阀，再关闭各支路进水调节阀，然后关闭水泵，最后关闭各管路调节阀。

7. 切断电源，必要时排空水箱中的水。

五、思考题

1. 通过实验观察，解释管道突然变大与突然变小的阻力系数不一致的原因。

2. 通过实验观察后，解释边界层分离的原因。

3. 查阅资料，解释流线的概念，尝试运用流线概念做出实验过程中 2～3 个流动单元的流速分布图并分析。

实验二　雷诺演示实验

一、实验目的

1. 观察层流、过渡流、湍流等各种流态及其转换特征。
2. 观察流体在圆管内流动过程的速度分布。
3. 测定出不同流态对应的雷诺数 Re，体验直形圆管内流态判别准则。

二、基本原理

实际流体的流动会呈现出层流（滞流）、过渡流、湍流（紊流）三种状态，它们的区别在于：流动过程中流体层之间是否发生混掺现象。在湍流流动中存在随机变化的脉动量，而在层流流动中则没有，如图 3-3 所示。

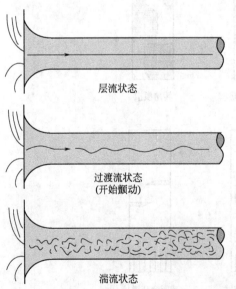

层流状态

过渡流状态
（开始颤动）

湍流状态

图 3-3　三种流态示意

圆管中恒定流动的流态转化取决于雷诺数。雷诺根据大量实验资料，将影响流体流动状态的因素归纳成一个无量纲数，称为雷诺数 Re，作为判别流体流动状态的准则。

$$Re_i = \frac{u_i d_i \rho_i}{\mu_i} \tag{3-1}$$

式中　d_i——管径，m；

　　　u_i——流体的流速，m/s；

　　　μ_i——流体的黏度，N·s/m²，由水的温度查取；

　　　ρ_i——流体的密度，kg/m³，由水的温度查取。

式（3-1）表明，对于一定温度的流体，在特定的圆管内流动，雷诺数仅与流体流速有关。本实验即是通过改变流体在管内的速度，观察在不同雷诺数下流体的流动形态。

本装置采用玻璃转子流量计测流量 V，$\mathrm{m^3/h}$。

$$u=\frac{\dfrac{V}{3600}}{\dfrac{\pi d^2}{4}} \tag{3-2}$$

判别流体流动状态的关键因素是临界速度。临界速度随流体的黏度、密度以及流道的尺寸不同而改变。流体从层流到湍流的过渡时的速度称为上临界流速，从湍流到层流的过渡时的速度为下临界流速。

圆管中定常流动的流态发生转化时对应的雷诺数称为临界雷诺数，对应于上、下临界速度的雷诺数，称为上临界雷诺数和下临界雷诺数。上临界雷诺数表示超过此雷诺数的流动必为湍流，它很不确定，取值范围跨度较大，而且极不稳定，只要稍有干扰，流态即发生变化。上临界雷诺数常随实验环境、流动的起始状态不同有所不同。因此，上临界雷诺数在工程技术中没有实用意义。有实际意义的是下临界雷诺数，它表示低于此雷诺数的流动必为层流，有确定的取值。通常均以它作为判别流动状态的准则，即：

$Re<2300$ 时，层流；

$Re=2300\sim4000$ 时，过渡流；

$Re>4000$ 时，湍流。

实际流体的流动之所以会呈现出三种不同的状态是扰动因素与黏性稳定作用之间对比和抗衡的结果。综合起来看，小雷诺数流动趋于稳定，而大雷诺数流动稳定性差，容易发生湍流现象。由于三种流态的流场结构和动力特性存在很大的区别，对它们加以判别并分别讨论是十分必要的。圆管中恒定流动的流态为层流时，沿程水头损失（h_f）与平均流速（u）成正比，而湍流时则与平均流速的 $1.75\sim2.0$ 次方成正比，如图 3-4 所示。

通过对相同流量下圆管层流和湍流流动的断面流速分布做比较，可以看出层流流速分布呈旋转抛物面，而湍流流速分布则比较均匀，壁面流速梯度和切应力都比层流时大，如图 3-5 所示。

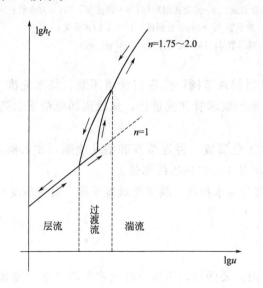

图 3-4　三种流态曲线

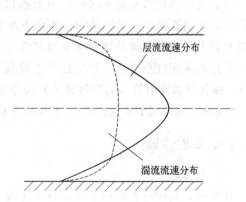

图 3-5　圆管断面流速分布

三、实验装置与流程

实验装置如图 3-6 所示。主要由演示管、流量计、卡套式铜闸阀和增压泵等部分组成，演示主管路为硬质玻璃。

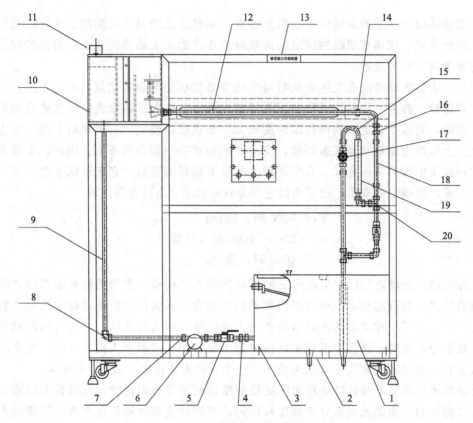

图 3-6　雷诺演示实验装置

1—下水箱；2—框架；3—不锈钢内六角螺钉；4,16—卡套直通；5—卡套式铜球阀；6—增压泵；7,9—复合管；
8—铜管件；10—上水箱；11—上色装置；12—演示管 1；13—装置标牌；14—卡扣式管夹；
15—演示管 2；17—卡套式铜闸阀；18—演示管 3；19—流量计；20—卡套三通

实验前，先将水充满下水箱，关闭流量计后的调节阀，然后启动增压泵。待水充满上水箱后，开启流量计后的调节阀。水由上水箱流经演示管和流量计，最后流回低位下水箱。水流量的大小，可由流量计和调节阀调节。

示踪剂采用红色墨水，它由红墨水储瓶（上色装置）经连接管和细孔喷嘴，注入演示管 1。细孔玻璃注射管（或注射针头）位于演示管 1 入口的轴线部位。

（注意：实验用的水应清洁，红墨水的密度应与水相当，装置要放置平稳，避免振动）

四、实验步骤

(1) 层流流态

实验时，先少许开启调节阀，将流速调至所需要的值。再调节红墨水储瓶的下口旋塞，并作精细调节，使红墨水的注入流速与实验导管中主体流体的流速相适应，一般略低于主体流体的流速为宜。待流动稳定后.记录主体流体的流量。此时，在实验导管的轴线上，就可观察到一条平直的红色细流，好像一根拉直的红线一样。

（2）湍流流态

缓慢地加大调节阀的开度，使水流量平稳地增大，玻璃导管内的流速也随之平稳地增大。此时可观察到，玻璃导管轴线上呈直线流动的红色细流开始发生波动。随着流速的增大，红色细流的波动程度也随之增大，最后断裂成一段段的红色细流。当流速继续增大时，红墨水进入实验导管后立即呈烟雾状分散在整个导管内，进而迅速与主体水流混为一体，使整个管内流体染为红色，以致无法辨别红墨水的流线。

（3）实验结束操作

① 首先关闭红墨水调节夹，停止红墨水流动。

② 待实验管道中红色消失时，关闭流量调节阀及进水阀。

③ 如果日后较长时间不再使用该套装置，请将设备内各处存水放净。

（4）实验注意事项

演示层流流动时，为了使层流状况较快形成并保持稳定，请注意以下几点：

① 水槽溢流量尽可能小，因为溢流过大，上水流量也大，上水和溢流两者造成的振动都比较大，会影响实验结果。

② 尽量不要人为地使实验架产生振动，为减小振动，保证实验效果，可对实验架底面进行固定。

③ 实验前检查水箱内的水位，必须充满。

五、实验数据处理

通过控制水的流量，观察管内红线的流动形态理解流体质点的流动状态，并分别记录不同流动形态下的流体流量值，计算出相应的雷诺数，并分析结果。

实验数据记录及实验现象记录如表 3-1 所示。

表 3-1　雷诺演示实验现象及数据记录表

实验日期：_____　实验人员：_____　学号：_____　装置号：_____

流体温度：_____（℃）；密度 $\rho=$ _____（kg/m³）；黏度 $\mu=$ _____（mPa·s）

序号	流量/(L/h)	q_V/(m³/h)	流速 u/(m/s)	Re	现象	流态
1						
2						
3						
4						
5						
6						
7						
8						
9						
10						

六、思考题

1. 层流、湍流两种水流流态的外观表现是怎样的？
2. 雷诺数的物理意义是什么？为什么雷诺数可以用来判别流态？
3. 临界雷诺数与哪些因素有关？
4. 破坏层流的主要物理因素是什么？

实验三 流体流动阻力测定实验

一、实验目的

1. 掌握测定流体流经直管、管件和阀门时阻力损失的一般实验方法；
2. 测定直管阻力摩擦系数 λ 与 Re 的关系，验证在一般湍流区内 λ 与 Re 的关系曲线；
3. 测定流体流经管件、阀门时的局部阻力系数 ξ；
4. 学会倒 U 形管压差计和涡轮流量计的使用方法；
5. 辨识组成管路的各种管件、阀门，并了解其作用。

二、基本原理

流体通过由直管、管件（如三通和弯头等）和阀门等组成的管路系统时，由于黏性剪应力和涡流应力的存在，要损失一定的机械能。流体流经直管时所造成机械能损失称为直管阻力损失。流体通过管件、阀门时因流体运动方向和速度大小改变所引起的机械能损失称为局部阻力损失。

(1) 直管阻力摩擦系数 λ 的测定

流体在水平等径直管中稳定流动时，阻力损失为：

$$W_f = \frac{\Delta p_f}{\rho} = \frac{p_1 - p_2}{\rho} = \lambda \frac{l}{d} \times \frac{u^2}{2} \tag{3-3}$$

即

$$\lambda = \frac{2d\Delta p_f}{\rho l u^2} \tag{3-4}$$

式中　λ——直管阻力摩擦系数，无量纲；

　　d——直管内径，m；

　　Δp_f——流体流经长 l 直管的压力降，Pa；

　　W_f——单位质量流体流经长 l 直管的机械能损失，J/kg；

　　ρ——流体密度，kg/m³；

　　l——直管长度，m；

　　u——流体在管内流动的平均流速，m/s。

层流（滞流）时

$$\lambda = \frac{64}{Re} \tag{3-5}$$

$$Re = \frac{du\rho}{\mu} \tag{3-6}$$

式中　Re——雷诺数，无量纲；

μ——流体黏度，kg/(m·s)。

湍流时 λ 是雷诺数 Re 和相对粗糙度（ε/d）的函数，须由实验确定。

由式(3-4)可知，欲测定 λ，需确定 l、d，测定 Δp_f、u、ρ、μ 等参数。l、d 为装置参数（在装置参数表格中给出），ρ、μ 通过测定流体温度，再查有关手册而得，u 通过测定流体流量，再由管径计算得到。

本装置采用涡轮流量计测流量 V，m³/h。

$$u = \frac{V}{900\pi d^2} \tag{3-7}$$

Δp_f 可用 U 形管、倒置 U 形管、测压直管等液柱压差计测定，或采用差压变送器和二次仪表显示。

① 当采用倒置 U 形管液柱压差计时

$$\Delta p_f = \rho g R \tag{3-8}$$

式中　ρ——流体密度，kg/m³；

g——重力加速度，9.81m/s²；

R——液柱高度，m。

② 当采用 U 形管液柱压差计时

$$\Delta p_f = (\rho_0 - \rho)gR \tag{3-9}$$

式中　R——液柱高度，m；

ρ_0——指示液密度，kg/m³。

根据实验装置结构参数 l、d，指示液密度 ρ_0，流体温度 t_0（查流体物性 ρ、μ），及实验时测定的流量 V、液柱压差计的读数 R，通过式(3-7)、式(3-8)或式(3-9)、式(3-6)和式(3-4)求取 Re 和 λ，再将 Re 和 λ 标绘在双对数坐标图上。

(2) 局部阻力系数 ξ 的测定

局部阻力损失通常有两种表示方法，即当量长度法和阻力系数法。

① 当量长度法　流体流过某管件或阀门时造成的机械能损失看作与某一长度为 l_e 的同直径的管道所产生的机械能损失相当，此折合的管道长度称为当量长度，用符号 l_e 表示。这样，就可以用直管阻力的公式来计算局部阻力损失，而且在管路计算时可将管路中的直管长度与管件、阀门的当量长度合并在一起计算，则流体在管路中流动时的总机械能损失 $\sum W_f$ 为：

$$\sum W_f = \lambda \frac{l + \sum l_e}{d} \times \frac{u^2}{2} \tag{3-10}$$

② 阻力系数法　流体通过某一管件或阀门时的机械能损失表示为流体在小管径内流动时平均动能的某一倍数，局部阻力的这种计算方法，称为阻力系数法。用公式表示即：

$$W'_f = \frac{\Delta p'_f}{\rho} = \xi \frac{u^2}{2} \tag{3-11}$$

故
$$\xi = \frac{2\Delta p'_{\mathrm{f}}}{\rho u^2}$$
(3-12)

式中　ξ——局部阻力系数，无量纲；

　　$\Delta p'_{\mathrm{f}}$——局部阻力压降，Pa（注意：在本装置中，所测得的压降应扣除两测压口间直管
段的压降，直管段的压降由直管阻力实验结果求取）；

　　u——流体在小截面管中的平均流速，m/s。

本实验采用阻力系数法表示管件或阀门的局部阻力损失。

根据连接管件或阀门两端管径中小管的直径 d、指示液密度 ρ_0、流体温度 t_0（查流体物性 ρ、μ）及实验时测定的流量 V、液柱压差计的读数 R，通过式(3-7)、式(3-8) 或式(3-9)、式(3-12) 求取管件或阀门的局部阻力系数 ξ。

三、实验装置与流程

(1) 实验装置

实验装置如图 3-7 所示。

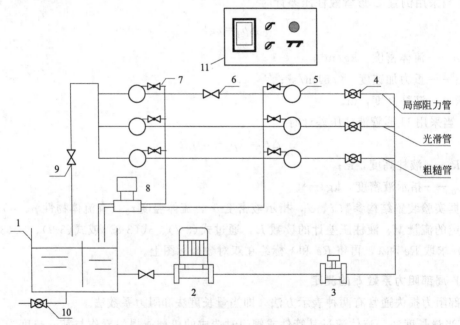

图 3-7　流体流动阻力测定实验装置示意图

1—水箱；2—管道泵；3—涡轮流量计；4—进口阀；5—均压阀；6—闸阀；
7—引压阀；8—压力变送器；9—出口阀；10—排水阀；11—电气控制箱

(2) 实验流程

实验装置是由储水箱，离心泵，不同管径、材质的水管，各种阀门、管件，涡轮流量计和倒 U 形管压差计等所组成的。管路部分有三段并联的长直管，分别用于测定局部阻力系数、光滑管直管阻力系数和粗糙管直管阻力系数。测定局部阻力部分使用不锈钢管，其上装有待测管件（闸阀）；光滑管直管阻力的测定同样使用内壁光滑的不锈钢管，而粗糙管直管阻力的测定对象为管道内壁较粗糙的镀锌铁管。

水的流量使用涡轮流量计测量，管路和管件的阻力采用差压变送器将差压信号传递给

无纸记录仪。

（3）装置参数

管路参数见表 3-2。

表 3-2 流体流动阻力测定实验装置管路参数

名称	材质	管路号	管内径/mm	测量段长度/cm
局部阻力	不锈钢管	1A	20.0	95
光滑管	不锈钢管	1B	20.0	100
粗糙管	镀锌铁管	1C	21.0	100

四、实验步骤

1. 泵启动：首先对水箱进行灌水，然后关闭出口阀，打开总电源和仪表开关，启动水泵，待电机转动平稳后，把出口阀缓缓开到最大。

2. 实验管路选择：选择实验管路，把对应的进口阀打开，并在出口阀最大开度下，保持全流量流动 5~10min。

3. 排气：在计算机监控界面点击"引压室排气"按钮，则差压变送器实现排气。

4. 引压：打开对应实验管路的手阀，然后在计算机监控界面点击该对应图标，则差压变送器检测该管路压差。

5. 流量调节：手控状态，变频器输出选择 100，然后开启管路出口阀，调节流量，让流量从 1~4m³/h 范围内变化，建议每次实验变化 0.5m³/h 左右。每次改变流量，待流动达到稳定后，记下对应的压差值；自控状态，流量控制界面设定流量值或设定变频器输出值，待流量稳定记录相关数据即可。

6. 计算：装置确定时，根据 Δp 和 u 的实验测定值，可计算 λ 和 ξ，在等温条件下，雷诺数 $Re = \dfrac{du\rho}{\mu} = Au$，其中 A 为常数，因此只要调节管路流量，即可得到一系列 $\lambda\text{-}Re$ 的实验点，从而绘出 $\lambda\text{-}Re$ 双对数曲线。

7. 实验结束：关闭出口阀，关闭水泵和仪表电源，清理装置。

五、实验数据处理

根据上述实验测得的数据填写到表 3-3 中。

表 3-3 流体流动阻力测定实验数据记录表

实验日期：_____ 实验人员：_____ 学号：_____ 温度：_____ 装置号：_____

测试管路基本参数：光滑管径_____；粗糙管径_____；局部阻力管径_____

序号	流量/(m³/h)	光滑管压差/kPa	粗糙管压差/kPa	局部阻力压/kPa

六、实验报告

1. 根据粗糙管实验结果，在双对数坐标纸上标绘出 λ-Re 曲线，对照化工原理教材上有关曲线图，即可估算出该管的相对粗糙度和绝对粗糙度；

2. 根据光滑管实验结果，对照柏拉修斯方程，计算其误差；

3. 根据局部阻力实验结果，求出闸阀全开时的平均 ξ 值；

4. 对实验结果进行分析讨论。

七、思考题

1. 在对装置做排气工作时，是否一定要关闭流程尾部的出口阀？为什么？

2. 如何检测管路中的空气已经被排除干净？

3. 以水做介质所测得的 λ-Re 关系能否适用于其他流体？如何应用？

4. 如果测压口、孔边缘有毛刺或安装不垂直，对静压的测量有何影响？

5. 在不同设备上（包括不同管径），不同水温下测定的 λ-Re 数据能否关联在同一条曲线上？

实验四　离心泵特性曲线测定实验

一、实验目的

1. 了解离心泵的结构与特性，熟悉离心泵的使用；

2. 掌握离心泵的特性曲线测定方法；

3. 了解电动调节阀的工作原理和使用方法。

二、基本原理

离心泵的特性曲线是选择和使用离心泵的重要依据之一，其特性曲线是在恒定转速下泵的扬程 H、轴功率 N 及效率 η 与泵的流量 Q 之间的关系曲线，它是流体在泵内流动规律的宏观表现形式。由于泵内部流动情况复杂，不能用理论方法推导出泵的特性关系曲线，只能依靠实验测定。

（1）扬程 H 的测定与计算

取离心泵进口真空表和出口压力表处为 1、2 两截面，列机械能衡算方程：

$$z_1 + \frac{p_1}{\rho g} + \frac{u_1^2}{2g} + H = z_2 + \frac{p_2}{\rho g} + \frac{u_2^2}{2g} + \sum h_f \tag{3-13}$$

由于两截面间的管长较短，通常可忽略阻力项 $\sum h_f$，速度平方差也很小故可忽略，则有

$$H = (z_2 - z_1) + \frac{p_2 - p_1}{\rho g} = H_0 + H_1（表值）+ H_2 \tag{3-14}$$

式中　H_0——泵出口和进口间的位差，$H_0 = z_2 - z_1$，m；

　　　　ρ——流体密度，kg/m^3；

g——重力加速度，m/s^2；

p_1，p_2——泵进、出口的真空度和表压，Pa；

H_1，H_2——泵进、出口的真空度和表压对应的压头，m；

u_1，u_2——泵进、出口的流速，m/s；

z_1，z_2——真空表、压力表的安装高度，m。

由上式可知，只要直接读出真空表和压力表上的数值，及两表的安装高度差，就可计算出泵的扬程。

（2）轴功率 N 的测量与计算

$$N = N_{电}k \tag{3-15}$$

式中，$N_{电}$ 为电功率表显示值；k 代表电机传动效率，可取 $k=0.95$。

（3）效率 η 的计算

泵的效率 η 是泵的有效功率 N_e 与轴功率 N 的比值。有效功率 N_e 是单位时间内流体经过泵时所获得的实际功，轴功率 N 是单位时间内泵轴从电机得到的功，两者的差异反映了水力损失、容积损失和机械损失的大小。

泵的有效功率 N_e 可用下式计算：

$$N_e = HQ\rho g \tag{3-16}$$

故泵效率

$$\eta = \frac{HQ\rho g}{N} \times 100\% \tag{3-17}$$

（4）转速改变时的换算

泵的特性曲线是在定转速下的实验测定所得。但是，实际上感应电动机在转矩改变时，其转速会有变化，这样随着流量 Q 的变化，多个实验点的转速 n 将有所差异，因此在绘制特性曲线之前，须将实测数据换算为某一定转速 n' 下（可取离心泵的额定转速 2900r/min）的数据。换算关系如下：

流量：

$$Q' = Q\frac{n'}{n} \tag{3-18}$$

扬程：

$$H' = H\left(\frac{n'}{n}\right)^2 \tag{3-19}$$

轴功率：

$$N' = N\left(\frac{n'}{n}\right)^3 \tag{3-20}$$

效率：

$$\eta' = \frac{Q'H'\rho g}{N'} = \frac{QH\rho g}{N} = \eta \tag{3-21}$$

三、实验装置与流程

离心泵特性曲线测定实验装置与流程如图 3-8 所示。

四、实验步骤

（1）实验内容

① 清洗水箱，并加装实验用水。通过灌泵口给离心泵灌水，排出泵内气体。

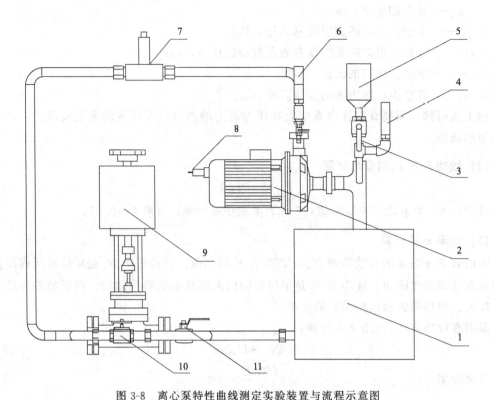

图 3-8   离心泵特性曲线测定实验装置与流程示意图

1—水箱；2—离心泵；3—温度传感器；4—泵进口压力传感器；5—灌泵口；6—泵出口压力传感器；
7—涡轮流量计；8—转速传感器；9—电动调节阀；10—旁路闸阀；11—管路进水阀

② 检查各阀门开度和仪表自检情况，试开状态下检查电机和离心泵是否正常运转。开启离心泵之前先将管路进水阀 11 打开，电动调节阀 9 的开度开到 0，当泵达到额定转速后，方可逐步调节电动调节阀的开度。

③ 实验时，通过组态软件或者仪表逐渐增加电动调节阀 9 的开度以增大流量，待各仪表读数显示稳定后，读取相应数据。离心泵特性实验主要获取实验数据为：流量 Q、泵进口压力 p_1、泵出口压力 p_2、电机功率 $N_电$、泵转速 n 及流体温度 t 和两测压点间高度差 H_0。

④ 测取 10 组左右数据后，可以停泵，同时记录下设备的相关数据（如离心泵型号、额定流量、额定转速、扬程和功率等），停泵前先将出口阀关闭。

⑤ 旁路闸阀 10 可在电动调节阀失灵时做"替补"，保证装置的正常实验。

(2) 操作注意事项

① 每次实验前，需要对泵进行灌泵操作，防止离心泵发生气缚现象。同时注意定期对泵进行保养，防止叶轮被固体颗粒损坏。

② 泵运转过程中，勿触碰泵主轴部分，因其高速转动，可能会缠绕并伤害身体接触部位。

③ 不要在出口阀关闭状态下（或者电动调节阀开度在 0 时）长时间使泵运转，一般不超过 3min，否则泵中液体循环温度升高，易生气泡，使泵抽空。

五、实验数据处理

1. 实验原始数据记录在表 3-4 中。

2. 根据原理部分的公式，按比例定律校合转速后，计算各流量下的泵扬程、轴功率和效率，填入表 3-5 中。

表 3-4　离心泵特性曲线测定实验数据记录表

实验日期：_____　实验人员：_____　学号：_____　装置号：_____

离心泵型号＝_____；额定流量＝_____；额定扬程＝_____；额定功率＝_____

泵进出口测压点高度差 H_0＝_____；流体温度 t＝_____

序号	流量 $Q/(\mathrm{m^3/h})$	泵进口压力 p_1/kPa	泵出口压力 p_2/kPa	电机功率 $N_电/\mathrm{kW}$	泵转速 $n/(\mathrm{r/min})$

表 3-5　各流量下的泵扬程、轴功率和效率

序号	流量 $Q'/(\mathrm{m^3/h})$	扬程 H'/m	轴功率 N'/kW	泵效率 $\eta'/\%$

六、实验报告

1. 分别绘制一定转速下的 H-Q、N-Q、η-Q 曲线。

2. 分析实验结果，判断泵最为适宜的工作范围。

七、思考题

1. 试从所测实验数据分析，离心泵在启动时为什么要关闭出口管路阀门？

2. 启动离心泵之前为什么要引水灌泵？如果灌泵后依然无法启动，可能的原因有哪些？

3. 为什么用泵的出口阀门调节流量？这种方法有什么优缺点？是否还有其他方法调节流量？

4. 泵启动后，出口阀如果不开，压力表读数是否会逐渐上升？为什么？

5. 正常工作的离心泵，在其进口管路上安装阀门是否合理？为什么？

6. 试分析用清水泵输送密度为 $1200\mathrm{kg/m^3}$ 的盐水，在相同流量下泵的压力是否会发生变化？轴功率是否会发生变化？

实验五 流量计标定实验

一、实验目的

1. 了解孔板、文丘里、转子流量计及涡轮流量计的构造、工作原理和主要特点。
2. 练习并掌握节流式流量计的标定方法。
3. 练习并掌握节流式流量计流量系数 C 的确定方法，并能够根据实验结果分析流量系数 C 随雷诺数 Re 的变化规律。

二、实验内容

1. 测定并绘制节流式流量计的流量标定曲线，确定流量系数 C。
2. 分析实验数据，得出节流式流量计流量系数 C 随雷诺数 Re 的变化规律。

三、基本原理

(1) 节流式流量计

流体通过节流式流量计时在流量计上、下游两取压口之间产生压强差，它与流量的关系为：

$$V_s = CA_0 \sqrt{\frac{2(p_上 - p_下)}{\rho}} \tag{3-22}$$

式中 V_s ——被测流体（水）的体积流量，m^3/s；

C ——流量系数，无量纲；

A_0 ——流量计节流孔截面积，m^2；

$p_上 - p_下$ ——流量计上、下游两取压口之间的压强差，Pa；

ρ ——被测流体（水）的密度，kg/m^3。

用涡轮流量计作为标准流量计来测量流量 V_s。每个流量在压差计上都有一个对应的读数，测量一组相关数据并作好记录，以压差计读数 Δp 为横坐标，流量 V_s 为纵坐标，在半对数坐标上绘制成一条曲线，即为流量标定曲线。同时，通过上式整理数据，可进一步得到流量系数 C 随雷诺数 Re 的变化关系曲线。

(2) 转子流量计

转子流量计是工业上和实验室最常用的一种流量计。它具有结构简单、直观、压力损失小、维修方便等特点。

转子流量计，通过测量设在直流管道内的转动部件的位置来推算流量的装置。是变面积式流量计的一种，在一根由下向上扩大的垂直锥管中，圆形横截面的浮子的重力是由液体动力承受的，浮子可以在锥管内自由地上升和下降。在流速和浮力作用下上下运动，与浮子重量平衡后，浮子就稳定在一定高度，锥管的高度与流量有对应的关系。

转子流量计由两个部件组成，一件是从下向上逐渐扩大的锥形管；另一件是置于锥形管中且可以沿管的中心线上下自由移动的转子。当转子流量计测量流体的流量时，被测流体从锥形管下端流入，流体的流动冲击着转子，并对它产生一个作用力（这个力的大小随流量大小而变化）；当流量足够大时，所产生的作用力将转子托起，并使之升高。同时，被测流体流经转子与锥形管壁间的环形断面，这时作用在转子上的力有三个：流体对转子的动压力、转子在流体中的浮力和转子自身的重力。流量计垂直安装时，转子重心与锥管管轴相重合，作用在转子上的三个力都沿平行于管轴的方向。当这三个力达到平衡时，转子就平稳地浮在锥管内某一位置。对于给定的转子流量计，转子大小和形状已经确定，因此它在流体中的浮力和自身重力都是已知常量，唯有流体对浮子的动压力是随来流流速的大小而变化的。因此当流速变大或变小时，转子将作向上或向下的移动，相应位置的流动截面积也发生变化，直到流速变成平衡时对应的速度，转子就在新的位置上稳定。对于一台给定的转子流量计，转子在锥管中的位置与流体流经锥管的流量的大小成一一对应关系。

（3）涡轮流量计

涡轮流量计是一种速度式仪表，它具有精度高、重复性好、结构简单、耐高压、测量范围宽、体积小、重量轻、压力损失小、寿命长、操作简单、维修方便等优点，用于封闭管道中测量低黏度、无强腐蚀性、清洁液体的体积流量和累积量。可广泛应用于石油、化工、冶金、有机液体、无机液体、液化气体、城市燃气管网、制药、食品、造纸等行业。

涡轮流量计是速度式流量计中的主要种类，当被测流体流过涡轮流量计传感器时，在流体的作用下，叶轮受力旋转，其转速与管道平均流速成正比，同时，叶片周期性地切割电磁铁产生的磁力线，改变线圈的磁通量，根据电磁感应原理，在线圈内将感应出脉动的电势信号，即电脉冲信号，此电脉动信号的频率与被测流体的流量成正比。

四、实验装置与流程

（1）流程示意图

流量计性能测定实验流程及实验装置仪表面板如图 3-9、图 3-10 所示。

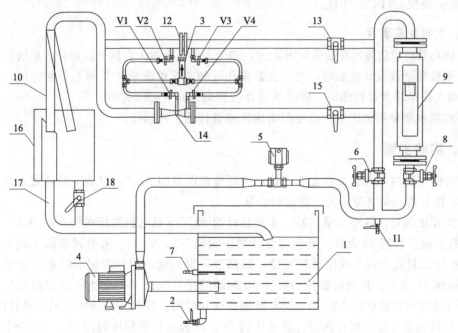

图 3-9　流量计性能测定实验流程示意图

1—水箱；2—水箱放水阀；3—压差传感器；4—离心泵；5—涡轮流量计；6—流量调节阀Ⅰ；
7—温度计；8—流量调节阀Ⅱ；9—转子流量计；10—计量桶切换管；11—放水阀；
12—孔板流量计；13—孔板流量计阀；14—文丘里流量计；15—文丘里流量计阀；
16—计量桶；17—下水管路；18—切换阀；V1～V4—导压管切断阀

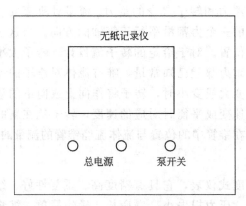

图 3-10　流量计性能测定实验装置仪表面板

(2) 主要技术参数

离心泵：WB70/055；　　　　　　储水槽：550mm×400mm×450mm；

实验管路：内径 ϕ48mm；　　　　涡轮流量计：LWGY-15；

文丘里流量计：喉径 ϕ15mm；　　孔板流量计：喉径 ϕ15mm；

转子流量计：LZB-40，量程 400～4000L/h；

计量水箱尺寸：300mm×470mm×500mm；

计量桶计算面积：0.13m²；

差压变送器：SM9342DP，量程 0～200kPa；

无纸记录仪：TPC1061Ti。

(3) 实验注意事项

① 离心泵启动前关闭流量调节阀 8、6，避免由于压力过大将转子流量计的玻璃管打碎。

② 测量转子流量计性能时，另一支路即孔板和文丘里流量调节阀 6 必须关闭，同样测量孔板和文丘里流量计性能时，转子流量计流量调节阀 8 必须关闭。

③ 实验水质要保证清洁，以免影响涡轮流量计的正常运行。

五、实验步骤

1. 向储水箱内注入蒸馏水至 2/3 处，关闭流量调节阀 8、6，启动实验装置总电源，仪表上电，合上离心泵电源开关，启动离心泵。

2. 文丘里流量计性能测量实验：在流量计阀 13、15 及孔板测压阀门 V2、V3 全关的情况下，打开流量计阀 15 及其文丘里流量计测压阀门 V1、V4，用流量调节阀 6 调节流量至最大，按照流量从大到小顺序进行实验，每调节一次流量，用秒表记录时间，记录方法是先把切换阀 18 关上，扳动计量桶切换管 10 的瞬间用秒表记录，到达一定液面高度时暂停秒表，同时扳回计量桶切换管 10，记录液面高度和时间。读取并记录文丘里流量计压差。

3. 孔板流量计性能测量实验：流量计阀 13、15 及文丘里测压阀门 V1、V4 全关的情况下，打开流量计阀 13 及孔板测压阀门 V2、V3，用流量调节阀 6 调节流量至最大，按照流量从大到小顺序进行实验，每调节一次流量，用秒表记录时间，记录方法是先把切换阀 18 关上，扳动计量桶切换管 10 的瞬间用秒表记录，到达一定液面高度时暂停秒表，同时扳回计量桶切换管 10，记录液面高度和时间。读取并记录涡轮流量计仪表读数和孔板流量计压差。

4. 转子流量计性能测量实验：测量转子流量计性能，按照流量从大到小顺序进行实验。在流量计阀 13、流量调节阀 6 全关，流量计阀 15 全开和测压切断阀 V1、V2、V3、V4 全关的情况下，用流量调节阀 8 调节流量，每调节一次流量，用秒表记录时间，记录方法是先把切换阀 18 关上，扳动计量桶切换管 10 的瞬间用秒表记录，到达一定液面高度时暂停秒表，同时扳回计量桶切换管 10，记录液面高度和时间。读取并记录转子流量计读数。通过温度计读取并记录温度数据。

5. 涡轮流量计性能测量实验：与文丘里转子流量计方法一致，记录数据时记录涡轮流量即可。

6. 实验结束后，关闭流量调节阀 8、6，停泵，一切复原。

六、实验报告

通过计算，分别作出文丘里流量计及孔板流量计流量系数与 Re 关系图，和各种流量计标定曲线，并分析结果。

七、思考题

1. 比较文丘里流量计及孔板流量计流量系数，说明其原因。
2. 列举各种流量计的优缺点及其应用范围。

实验六　恒压过滤常数测定实验

一、实验目的

1. 熟悉板框压滤机的构造和操作方法。
2. 通过恒压过滤实验，验证过滤基本理论。
3. 学会测定过滤常数 K、q_e、τ_e 及压缩性指数 s 的方法。
4. 了解过滤压力对过滤速度的影响。

二、基本原理

过滤是以某种多孔物质为介质来处理悬浮液以达到固、液分离的一种操作过程，即在外力的作用下，悬浮液中的液体通过固体颗粒层（即滤渣层）及多孔介质的孔道而固体颗粒被截留下来形成滤渣层，从而实现固、液分离。因此，过滤操作本质上是流体通过固体颗粒层的流动，而固体颗粒层（滤渣层）的厚度随着过滤的进行而不断增加，故在恒压过滤操作中，过滤速度不断降低。

过滤速度 u 定义为单位时间单位过滤面积内通过过滤介质的滤液量。影响过滤速度的主要因素除过滤推动力（压强差）Δp、滤饼厚度 L 外，还有滤饼和悬浮液的性质、悬浮液温度、过滤介质的阻力等。

过滤时滤液流过滤渣和过滤介质的流动过程基本上处在层流流动范围内，因此，可利用流体通过固定床压降的简化模型，寻求滤液量与时间的关系，可得过滤速度计算式：

$$u = \frac{dV}{Ad\tau} = \frac{dq}{d\tau} = \frac{A\Delta p^{(1-s)}}{\mu r C(V+V_e)} = \frac{A\Delta p^{(1-s)}}{\mu r' C'(V+V_e)} \tag{3-23}$$

式中　u——过滤速度，m/s;

V ——通过过滤介质的滤液量，m^3；

A ——过滤面积，m^2；

τ ——过滤时间，s；

q ——通过单位面积过滤介质的滤液量，m^3/m^2；

Δp——过滤压力（表压），Pa；

s ——滤渣压缩性系数；

μ ——滤液的黏度，$Pa \cdot s$；

r ——滤渣比阻，$1/m^2$；

C ——单位滤液体积的滤渣体积，m^3/m^3；

V_e ——过滤介质的当量滤液体积，m^3；

r' ——滤渣比阻，m/kg；

C' ——单位滤液体积的滤渣质量，kg/m^3。

对于一定的悬浮液，在恒温和恒压下过滤时，μ、r、C 和 Δp 都恒定，为此令：

$$K = \frac{2\Delta p^{(1-s)}}{\mu r C} \tag{3-24}$$

于是式(3-23) 可改写为：

$$\frac{dV}{d\tau} = \frac{KA^2}{2(V+V_e)} \tag{3-25}$$

式中 K——过滤常数，由物料特性及过滤压差所决定，m^2/s。

将式(3-25) 分离变量积分，整理得：

$$\int_{V_e}^{V+V_e} (V+V_e)d(V+V_e) = \frac{1}{2}KA^2 \int_0^\tau d\tau \tag{3-26}$$

即

$$V^2 + 2VV_e = KA^2\tau \tag{3-27}$$

将式(3-26) 的积分极限改为从 0 到 V_e 和从 0 到 τ_e 积分，则：

$$V_e^2 = KA^2\tau_e \tag{3-28}$$

将式(3-27) 和式(3-28) 相加，可得：

$$(V+V_e)^2 = KA^2(\tau + \tau_e) \tag{3-29}$$

式中 τ_e——虚拟过滤时间，相当于滤出滤液量 V_e 所需时间，s。

再将式(3-29) 微分，得：

$$2(V+V_e)dV = KA^2 d\tau \tag{3-30}$$

将式(3-30) 写成差分形式，则

$$\frac{\Delta\tau}{\Delta q} = \frac{2}{K}\bar{q} + \frac{2}{K}q_e \tag{3-31}$$

$$q_e = V_e/A$$

式中 Δq——每次测定的单位过滤面积滤液体积（在实验中一般等量分配），m^3/m^2；

$\Delta\tau$——每次测定的滤液体积 Δq 所对应的时间，s；

$\bar{q}$——相邻两个 q 值的平均值，m^3/m^2。

以 $\dfrac{\Delta\tau}{\Delta q}$ 为纵坐标，$\bar{q}$ 为横坐标将式(3-31) 标绘成一直线，可得该直线的斜率和截距。

斜率：

$$S = \frac{2}{K} \tag{3-32}$$

截距：
$$I = \frac{2}{K}q_e \tag{3-33}$$

则
$$K = \frac{2}{S}(m^2/s) \tag{3-34}$$

$$q_e = \frac{KI}{2} = \frac{I}{S}(m^3) \tag{3-35}$$

$$\tau_e = \frac{q_e^2}{K} = \frac{I^2}{KS^2}(s) \tag{3-36}$$

改变过滤压差 Δp，可测得不同的 K 值，由 K 的定义式（3-24）两边取对数得

$$\lg K = (1-s)\lg(\Delta p) + B \tag{3-37}$$

在实验压差范围内，若 B 为常数，则 $\lg K$-$\lg(\Delta p)$ 的关系在直角坐标上应是一条直线，斜率为 $(1-s)$，可得滤饼压缩性指数 s。

三、实验装置与流程

本实验装置由空压机、配料罐、滤框和滤板等组成，如图 3-11 所示。

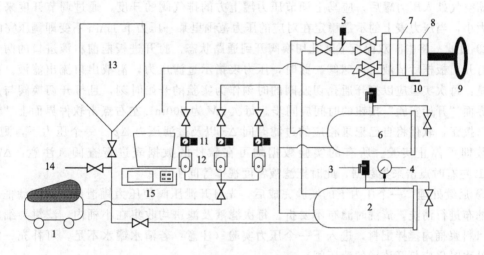

图 3-11　板框压滤机过滤装置

1—空压机；2—压力罐；3—安全阀；4—压力表；5—压力传感器；6—清水罐；
7—滤框；8—滤板；9—手轮；10—通孔切换阀；11—调压阀；
12—电磁阀；13—配料罐；14—地沟；15—电子天平

$CaCO_3$ 的悬浮液在配料桶内配制一定浓度后，利用压差送入压力料槽中，用压缩空气加以搅拌使 $CaCO_3$ 不致沉降，同时利用压缩空气的压力将滤浆送入板框压滤机过滤，滤液流到电子天平处称量，压缩空气从压力料槽上排空管中排出。

板框压滤机的结构尺寸：框厚度 20mm，每个框过滤面积 $0.0177m^2$，框数 2 个。

空气压缩机规格型号：风量 $0.06m^3/min$，最大气压 0.8MPa。

四、实验步骤

(1) 实验准备

① 配料　在配料罐内配制含 $CaCO_3$ 10%～30%（质量分数）的水悬浮液，$CaCO_3$ 先由

天平称重，水位高度按标尺示意，筒身直径 35mm。配置时，应将配料罐底部阀门关闭。

② 搅拌　开启空压机，将压缩空气通入配料罐（空压机的出口小球阀保持半开，进入配料罐的两个阀门保持适当开度，开度过大会导致气压过大而使物料从储料罐中喷出），使 $CaCO_3$ 悬浮液搅拌均匀。搅拌时，应将配料罐的顶盖合上。

③ 灌料　在压力罐泄压阀打开的情况下，打开配料罐和压力罐间的进料阀门，使料浆自动由配料桶流入压力罐至其视镜约 2/3 处，关闭进料阀门。

④ 装板框　正确装好滤板、滤框及滤布。滤布使用前用水浸湿，滤布要绷紧，不能起皱。滤布紧贴滤板，密封垫贴紧滤布（注意：用螺旋压紧时，注意保护手指，先慢慢转动手轮使板框合上，然后再压紧）。

（2）过滤过程

① 调压　恒压过滤实验需完成 3 个压力下的测试，即：0.08～0.1MPa（低压实验）、0.14～0.16MPa（中压实验）及 0.18～0.2MPa（高压实验）。调压方法如下：先在计算机上打开实验在线控制软件，然后点开软件上气体通路上的电磁阀按钮，再打开实验装置上气路的气体调压阀，使压缩空气通至压力罐，从而使压力罐内料浆处于不断搅拌的状态。当压缩空气鼓入压力罐后，应马上调节压力罐上方的排气阀的开度，通过调节开度来调整压力大小，当压力表上的示数稳定在对应的压力范围里某一压力下 1min 不变即调压完成。

② 过滤　将中间双面板下通孔切换阀开到通路状态。打开进板框前料液进口的两个阀门，打开出板框后清液出口球阀。此时，压力表指示过滤压力，清液出口流出滤液。要注意的是：每次实验应以打开通孔切换阀的时刻作为实验的开始时刻，且打开切换阀与点击软件界面“开始实验”按钮的时间应同步。每次 ΔV 为 600mL 左右点击软件界面上“记录数据”按钮，软件将自己记录相应的过滤时间 $\Delta \tau$ 以及过滤压力 Δp。每个压力下，测量 5 个读数即可停止实验。所有的实验数据均可在软件的数据表进行查阅（注意：ΔV 在 600mL 左右时点击采集数据，此时把滤液密度视作等同于水）。

③ 后续处理　一个压力下的实验完成后，先打开泄压阀使压力罐泄压。卸下滤框、滤板、滤布进行清洗，清洗时滤布不要折。每次滤液及滤饼均收集在小桶内，滤饼弄细后重新倒入料浆桶内搅拌配料，进入下一个压力实验（注意：若清水罐水不足，可补充一定水源，补水时仍应打开该罐的泄压阀）。

（3）清洗过程

① 关闭板框压滤机的进出阀门。将中间双面板下通孔切换阀开到通孔关闭状态（阀门手柄与滤板平行为过滤状态，垂直为清洗状态）。

② 打开清洗液进入板框的进出阀门（板框前两个进口阀，板框后一个出口阀）。此时，压力表指示清洗压力，清液出口流出清洗液。清洗液速度比同压力下过滤速度小很多。

③ 清洗液流动约 1min，可观察浑浊变化判断结束。一般物料可不进行清洗过程。结束清洗过程，也是关闭清洗液进出板框的阀门，关闭定值调节阀后进气阀门。

（4）实验结束

① 先关闭空压机出口球阀，关闭空压机电源。

② 打开安全阀处泄压阀，使压力罐和清水罐泄压。

③ 卸下滤框、滤板、滤布进行清洗，清洗时滤布要用清水进行多次清洗，并用超声清洗机超声 10min。

④ 将压力罐内物料反压到配料罐内备下次使用，或将两罐物料直接排空后用清水冲洗。

（5）操作注意事项

① 用旋涡泵将滤浆槽内的悬浮液送入板框压滤机时，要防止板框压滤机中的压力过高，可用阀门调节将压力控制在规定范围内。

② 过滤板与框之间的密封垫应注意放正，过滤板与框的滤液进出口对齐。用摇柄把过滤设备压紧，以免漏液。

③ 滤饼、滤液要全部回收到配料槽，节约资源。切忌在实验过程中将自来水灌入储料槽中，否则液面波动会影响读数。

④ 压力定值调节后端阀门要及时关闭，否则液体流入压力定值调节阀会造成漏气。

⑤ 安装板框用螺旋压紧时，注意保护手指。

五、实验数据处理

实验数据记录于表 3-6 中。

表 3-6 恒压过滤常数测定实验数据记录表

实验日期：_____ 实验人员：_____ 学号：_____ 温度：_____ 装置号：_____

序号	压力差 Δp/MPa	体积/mL	时间/s	压力差 Δp/MPa	体积/mL	时间/s
1						
2						
3						
4						
5						
6						

六、实验报告

1. 由恒压过滤实验数据求过滤常数 K、q_e、τ_e。
2. 比较几种压差下的 K、q_e、τ_e 值，讨论压差变化对以上参数数值的影响。
3. 在直角坐标纸上绘制 $\lg K$-$\lg \Delta p$ 关系曲线，求出 s。

七、思考题

1. 板框压滤机的优缺点是什么？适用于什么场合？
2. 板框压滤机的操作分哪几个阶段？
3. 为什么过滤开始时，滤液常常有点浑浊，而过段时间后才变清？
4. 如果提高过滤速度，可以采取哪些工程措施？
5. 过滤压强增加一倍后，得到相同滤饼所需时间是否也减少一半？为什么？

实验七 固体流态化实验

一、实验目的

1. 观察聚式和散式流态化的实验现象。

2. 学会流体通过颗粒层时流动特性的测量方法。

3. 测定临界流化速度，并做出流化曲线图。

二、基本原理

流态化是一种使固体颗粒通过与流体接触而转变成类似于流体状态的操作。近年来，这种技术发展很快，许多工业部门在处理粉粒状物料的输送、混合、涂层、换热、干燥、吸附、煅烧和气-固反应等过程中，都广泛地应用了流态化技术。

(1) 固体流态化过程的基本概念

如果流体自下而上地流过颗粒层，则根据流速的不同，会出现三种不同的阶段，如图3-12所示。

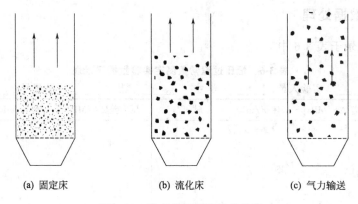

(a) 固定床　　　　　(b) 流化床　　　　　(c) 气力输送

图 3-12　流态化过程的几个阶段

固定床阶段：如果流体通过颗粒床层的表观速度（即空床速度）u 较低，使颗粒空隙中流体的真实速度 u_1 小于颗粒的沉降速度 u_t，则颗粒基本上保持静止不动，颗粒称为固定床。如图3-12(a) 所示。

流化床阶段：当流体的表观速度 u 加大到某一数值时，真实速度 u_1 比颗粒的沉降速度 u_t 大了，此时床层内较小的颗粒将松动或"浮起"，颗粒层高度也有明显增大。但随着床层的膨胀，床内空隙率 ε 也增大，而 $u_1 = u/\varepsilon$，所以，真实速度 u_1 随后又下降，直至降到沉降速度 u_t 为止。也就是说，在一定的表观速度下，颗粒床层膨胀到一定程度后将不再膨胀，此时颗粒悬浮于流体中，床层有一个明显的上界面，与沸腾水的表面相似，这种床层称为流化床。如图3-12(b) 所示。

因为流化床的空隙率随流体表观速度增大而变大，因此，能够维持流化床状态的表观速度可以有一个较宽的范围。实际流化床操作的流体速度原则上要大于起始流化速度，又要小于带出速度，而这两个临界速度一般均由实验测出。

气力输送阶段：如果继续提高流体的表观速度 u，使真实速度 u_1 大于颗粒的沉降速度 u_t，则颗粒将被气流带走，此时床层上界面消失，这种状态为气力输送。如图3-12(c) 所示。

(2) 固体流态化的分类

固体流态化按其性状的不同，可以分成两类，即**散式流态化**和**聚式流态化**。

散式流态化：一般发生在液-固系统。此种床层从开始膨胀直到气力输送，床内颗粒的扰动程度是平缓地加大的，床层的上界面较为清晰。

聚式流态化：一般发生在气-固系统（图3-13）。这也是目前工业上应用较多的流化床形式。从起始流态化开始，床层的波动逐渐加剧，但其膨胀程度却不大。因为气体与固体的密度差别很大，气流要将固体颗粒推起来比较困难，所以只有小部分气体在颗粒间通过，大部分气体则汇成气泡穿过床层，而气泡穿过床层时造成床层波动，它们在上升过程中逐渐长大和互相合并，到达床层顶部则破裂而将该处的颗粒溅散，使得床层上界面起伏不定。床层内的颗粒则很少分散开来各自运动，而多是聚结成团地运动，成团地被气泡推起或挤开。

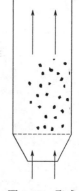

聚式流化床中有以下**两种不正常现象**。

腾涌现象：如果床层高度与直径的比值过大，气速过高时，就容易产生气泡的相互聚合，而成为大气泡，在气泡直径长大到与床径相等时，就将床层分成几段，床内物料以活塞推进的方式向上运动，在达到上部后气泡破裂，部分颗粒又重新回落，这即是腾涌，又称节涌。腾涌严重地降低

图 3-13 聚式
流态化

床层的稳定性，使气-固之间的接触状况恶化，并使床层受到冲击，发生振动，损坏内部构件，加剧颗粒的磨损与带出。

沟流现象：在大直径床层中，由于颗粒堆积不匀或气体初始分布不良，可在床内局部地方形成沟流。此时，大量气体经过局部地区的通道上升，而床层的其余部分仍处于固定床阶段而未被流化（死床）。显然，当发生沟流现象时，气体不能与全部颗粒良好接触，将使工艺过程严重恶化。

(3) 流化床压降与流速关系

床层一旦流化，全部颗粒处于悬浮状态。现取床层为控制体，并忽略流体与容器壁面间的摩擦力，对控制体做力的衡算，则：

$$\Delta p A = m_s g + m_1 g \tag{3-38}$$

式中　Δp——床层的压力差，N/m^2；

　　　A——空床截面积，m^2；

　　　m_s——床层颗粒的总质量，kg；

　　　m_1——床层内流体的质量，kg。

而

$$m_1 = \left(AL - \frac{m_s}{\rho_p} \right) \rho \tag{3-39}$$

式中　L——床层高度，m；

　　　ρ——流体密度，kg/m^3；

　　　ρ_p——固体颗粒的密度，kg/m^3。

将式(3-39)代入式(3-38)，并引用广义压力概念，整理得

$$\Delta \Gamma = \Delta p - L \rho g = \frac{m_s}{A \rho_p} (\rho_p - \rho) g \tag{3-40}$$

由于流化床中颗粒总量保持不变，故**广义压差 $\Delta\Gamma$ 恒定不变，与流体速度无关**，在图3-14中可用一水平线表示，如 BC 段所示（注意：图中 BC 段略向上倾斜是由于流体与器壁及分布板间的摩擦阻力随流速增大而造成的）。又由流体的机械能衡算方程可知，$\Delta\Gamma$ 数值上等于流体通过床层的阻力损失。

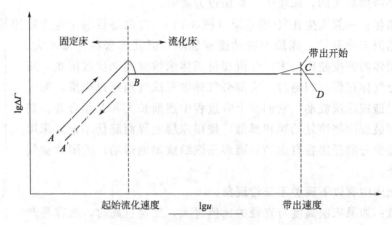

图 3-14 流化床压力降与流速关系

图中 AB 段为固定床阶段，由于流体在此阶段流速较低，通常处于层流状态，广义压差与表观速度的一次方成正比，因此该段为斜率等于 1 的直线。图中 $A'B$ 段表示从流化床回复到固定床时的广义压差变化关系，由于颗粒由上升流体中落下所形成的床层较人工装填的疏松一些，因而广义压差也小一些，故 $A'B$ 线段处在 AB 线段的下方。

图中 CD 段向下倾斜，表示此时由于某些颗粒开始为上升流体所带走，床内颗粒量减少，平衡颗粒重力所需的压力自然不断下降，直至颗粒全部被带走。

根据流化床恒定压差的特点，在流化床操作时可以通过测量床层广义压差来判断床层流化的优劣。如果床内出现腾涌，广义压差将有大幅度的起伏波动；若床内发生沟流，则广义压差较正常时为低。

三、实验装置与流程

该实验设备是由水、气两个系统组成的，其流程如图 3-15 所示。两个系统各有一透明二维床，床底部为多孔板均布器，床层内的固体颗粒为石英砂。

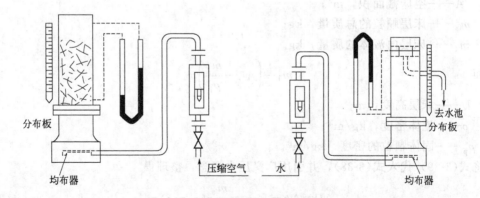

图 3-15 固体流态化实验装置与流程

采用空气系统做实验时，空气由风机供给，经过流量调节阀、转子流量计、气体分布器进入分布板，空气流经二维床后由床层顶部排出。通过调节空气流量，可以进行不同流动状态下的实验测定。设备中装有压差计指示床层压降，标尺用于测量床层高度的变化。

采用水系统实验时，用泵输送的水经过流量调节阀、转子流量计、液体分布器送至分布板，水经二维床层后从床层上部溢流至下水槽。

四、实验步骤

1. 检查装置中各个开关及仪表是否处于备用状态。
2. 用木棒轻敲床层，目的使固体颗粒填充较紧密，然后测定静床高度。
3. 启动风机或泵，由小到大改变进气量（注意不要把床层内的固体颗粒带出），记录压差计和流量计读数变化。观察床层高度变化及临界流化状态时的现象。
4. 由大到小改变气（或液）量，重复步骤3，注意操作要平稳细致。
5. 关闭电源，测量静床高度，比较两次静床高度的变化。
6. 实验中需注意，在临界流化点前必须保证有六组以上数据，且在临界流化点附近应多测几组数据。

五、实验报告

1. 在双对数坐标纸上作出 $\Delta\Gamma$-u 曲线，并找出临界流化速度。
2. 对实验中观察到的现象，运用气（液）体与颗粒运动的规律加以解释。

六、思考题

1. 实际流化时，由压差计测得的广义压差为什么会波动？
2. 由小到大改变流量与由大到小改变流量测定的流化曲线是否重合？为什么？
3. 流化床底部流体分布板的作用是什么？

实验八　空气-空气给热系数测定实验

一、实验目的

1. 了解列管式换热器的基本结构，掌握列管式换热器总传热系数的测定方法。
2. 掌握对总传热系数的影响因素和强化传热的途径，考察不同流体流速下总传热系数的变化规律。
3. 比较并流流动传热和逆流流动传热的特点。

二、基本原理

（1）总传热系数 K 的测定

在工业生产过程中，多数情况下，冷、热流体被固体壁面（传热元件的传热面）所隔开，两种流体分别在壁面两侧流动，并通过壁面进行热量交换，这种传热方式称为间壁式换热。如图 3-16 所示，间壁式传热过程由热流体对固体壁面的对流传热、固体壁面的热传导和固体壁面对冷流体的对流传热所组成。

在此过程中，不但有通过固体间壁的热传导，而且有

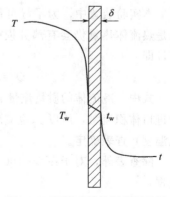

图 3-16　间壁式传热过程示意图

间壁两侧的对流传热。这两种传热计算都需要知道壁面的温度，而壁温在实际上是不易测得的。为了避免使用壁温，便引出了间壁两侧流体间的总传热速率方程，即达到连续稳定传热且忽略热损失时，有

$$Q = m_1 c_{p1}(T_1 - T_2) = m_2 c_{p2}(t_1 - t_2) = KA\Delta t_m, \quad \Delta pA = m_s g + m_1 g \quad (3-41)$$

式中　Q——传热量，J/s；

m_1，m_2——热流体、冷流体的质量流率，kg/s；

c_{p1}，c_{p2}——热流体、冷流体的比热容，J/(kg·℃)；

T_1，T_2——热流体的进口、出口温度，℃；

t_1，t_2——冷流体的进口、出口温度，℃；

K——以传热面积 A 为基准的总给热系数，W/(m²·℃)；

Δt_m——冷热流体的对数平均温差，℃。

式(3-41)是关于换热器整体的传热速率方程，式中，Q 是通过此总面积的传热量；A 是固体间壁某一侧的总面积；K 是反映换热器换热性能的综合指标，它既包含了固体间壁的导热情况，也包含了间壁两侧的对流传热情况。传热系数 K 可通过计算得到，也可由生产实际的经验数据选取，还可以通过实验获得。由式(3-41)可得

$$K = \frac{Q}{A\Delta t_m} \quad (3-42)$$

式中，冷、热流体间的对数平均温差 Δt_m 与冷、热流体相互间的流动方式及温度变化情况有关。本实验中列管换热器近似为单纯的并流、逆流变温差传热，则 Δt_m 可由式(3-43)计算

$$\Delta t_m = \frac{\Delta t_1 - \Delta t_2}{\ln\left(\dfrac{\Delta t_1}{\Delta t_2}\right)} \quad (3-43)$$

并流时 $\Delta t_1 = T_1 - t_1$，$\Delta t_2 = T_2 - t_2$；逆流时 $\Delta t_1 = T_1 - t_2$，$\Delta t_2 = T_2 - t_1$。

列管换热器的换热面积可由式(3-44)算得

$$A = n\pi dL \quad (3-44)$$

式中，d 为列管直径（因本实验为冷、热气体强制对流换热，故各列管本身的导热忽略，所以 d 取列管内径）；L 为列管长度；n 为列管根数。以上参数取决于列管的设计规格，列管的详细规格参数见表 3-7。

本实验装置中，为了尽可能提高换热效率，采用热流体走管内、冷流体走管间形式，但是热流体热量仍会有部分损失。因此，换热量 Q 以冷流体实际获得的热能测算较为准确，即

$$Q = m_2 c_{p2}(t_2 - t_1) = \rho_2 V_2 c_{p2}(t_2 - t_1) \quad (3-45)$$

式中，冷流体的质量流量 m_2 已经转换为密度和体积等可测算的量，其中 V_2 为冷流体的进口体积流量，所以 ρ_2 也应取冷流体的进口密度，即需根据冷流体的进口温度（而非定性温度）查表确定。

除查表外，对于在 0～100℃之间，空气的各物性与温度的关系有如下经验拟合公式及数据：

① 空气的密度与温度的关系式：$\rho = 10^{-5}t^2 - 4.5\times10^{-3}t + 1.2916$。

② 空气的比热容与温度的关系式：$0<t\leq60℃$，$c_p=1005\text{kJ/(kg·℃)}$；

$\qquad\qquad\qquad\qquad\qquad\quad 60℃<t<70℃$，$c_p=1.007\text{kJ/(kg·℃)}$；

$\qquad\qquad\qquad\qquad\qquad\quad 70℃\leq t\leq100℃$，$c_p=1009\text{kJ/(kg·℃)}$。

(2) 强化传热的途径

所谓强化传热，就是指提高冷、热流体间的传热速率。从总传热速率方程式(3-41) 可以看出，增大传热系数 K、传热面积 A 和传热平均温度差 Δt_m 都可以提高传热速率。

本实验中换热器已经确定，则传热面积 A 已定。在实验中测取进入换热器的冷、热流体的温度，计算总传热系数，并进行分析研究。间壁式换热器的总热阻的构成式为（间壁为圆管壁，以内侧表面积为基准）：

$$\frac{1}{K}=\frac{1}{\alpha_1}\times\frac{d_2}{d_1}+R_{s1}+\frac{b}{\lambda}\times\frac{d_2}{d_m}+R_{s2}\frac{d_2}{d_1}+\frac{1}{\alpha_2} \qquad (3\text{-}46)$$

式中　λ——管壁的导热系数，W/(m·℃)；

$\quad b$——管壁厚度，m；

$\quad d_m$——管平均直径，m；

$\quad \alpha_1$，α_2——管外、内侧对流传热系数，$\text{W/(m}^2\text{·℃)}$；

$\quad d_1$，d_2——管外径、管内径，m；

R_{s1}，R_{s2}——管外、内侧污垢热阻，$\text{m}^2\text{·℃/W}$。

由式(3-46) 可以看出，传热的总热阻由间壁本身的传导热阻、间壁两侧的对流热阻以及污垢热阻 R_{s1} 和 R_{s2} 组成。要提高 K 值，就必须设法减小热阻。一般来说，间壁的传导热阻不大，故主要应设法减小对流热阻和污垢热阻。在对流热阻中，主要是层流底层的厚度在起作用，而且与流体本身的性质有关。因此，要减小对流热阻，就要设法使层流底层减薄，特别是要使导热系数小、密度小的一侧流体的层流底层减薄。最方便的办法是通过加大流体的流速来达到，这样同时还可以防止壁面结垢和及时清除污垢，从而降低污垢热阻。但要注意的是，随着流速的加大，必然会使流动阻力损失加大，而使输送流体的能耗增加，因此要统筹兼顾才行。

三、实验装置与流程

本实验装置如图 3-17 所示，主要结构参数如表 3-7 所示。

表 3-7　空气-空气给热系数实验装置参数

名称	符号	单位	备注
冷流体进口温度	t_1	℃	
逆流出口温度	t_2	℃	
并流出口温度	t_2'	℃	热流体走管程，冷流体走壳程。列管规格 $\phi12\text{mm}\times2\text{mm}$，即内径 8mm，共 13 根列管，长 1m
热流体进口温度	T_1	℃	
热流体出口温度	T_2	℃	
热风流量	V_1	m^3/h	
冷风流量	V_2	m^3/h	

本装置采用冷空气与热空气体系进行对流换热。如图 3-17 所示，热流体由风机 1 经过

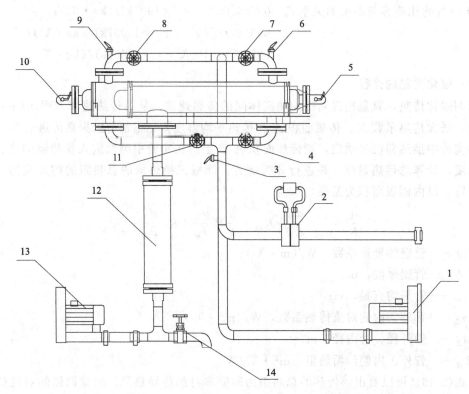

图 3-17 空气-空气给热系数测定实验装置

1—风机2（冷流体管路，该风机为抽风机）；2—孔板流量计连接差压变送器；
3—冷流体进口温度 t_1；4—并流传热形式进口闸阀 f_1；5—热流体进口温度 T_1；
6—逆流出口温度 t_2；7—逆流传热形式出口闸阀 f_4；8—并流形式出口闸阀 f_2；
9—并流出口温度 t_2'；10—热流体出口温度 T_2；11—逆流传热形式进口闸阀 f_3；
12—玻璃转子流量计；13—风机1（热流体管路）；14—风机旁路阀

玻璃转子流量计进入加热管预热，测定温度后进入列管换热器管内，在出口也经温度测定后直接排出。冷流体由风机2吸入经孔板流量计测量后，由温度计测定其进口温度，并由闸阀 f_1、f_2、f_3、f_4 选择逆流或并流传热形式。即：f_3、f_4 打开为逆流换热的形式，f_1、f_2 打开为并流换热的形式。冷流体的流量通过变频器调节，热流体的流量由风机的旁路阀调节。

四、实验步骤

1. 打开总电源开关、仪表开关，待各仪表温度自检显示正常后进行下步操作。

2. 打开热流体风机的出口旁路阀，启动热流体风机，再调节旁路阀门到合适的实验流量（一般取热流体流量 $60\sim80\text{m}^3/\text{h}$，整个实验过程中注意保持热流体流量恒定）。

3. 开启加热开关，通过 C1000 仪表调节，使加热电压到某一恒定值（例如在室温 20°C 左右，热流体风量 $70\text{m}^3/\text{h}$，一般调加热电压 150V，经约 30min 后，热流体进口温度可恒定在 82°C 左右）。

4. 打开 f_3、f_4 闸阀，关闭 f_1、f_2 闸阀，设定逆流传热流动方式（f_1、f_2 闸阀打开，f_3、f_4 闸阀关闭为并流换热的形式）。

5. 然后以冷流体流量作为实验的主变量，通过仪表调节，从 $10\sim60\mathrm{m^3/h}$ 流量范围内，选取 $5\sim6$ 个点作为工作点进行实验数据的测定。

6. 待某一流量下的热流体和逆流的冷流体换热的四个温度相对恒定后，可认为换热过程基本平衡了，抄录冷热流体的流量和温度，即完成逆流换热一组数据的测定。之后，改变一个冷流体的风量，待换热平衡后抄录一组实验数据，直至数据点测定完毕。

7. 同理，可进行冷热流体的并流换热实验（注意：热流体流量在整个实验过程中最好保持不变，但在一次换热过程中，必须待热流体进出口温度相对恒定后方可认为换热过程平衡）。

8. 实验结束，应先关闭加热器，待各温度显示至室温左右，再关闭风机和其他电源。

五、实验报告

1. 设计表格，将原始实验数据和实验数据处理的计算结果填入表格中。

2. 逆流、并流换热流程下，固定热流体流量，分别求取总换热系数 K，并讨论逆流和并流流动时的传热特点。

3. 讨论逆流和并流时流速与总传热系数 K 的变化规律，并作出规律曲线。

六、思考题

1. 影响传热系数 K 的因素有哪些？本实验中管壁哪一侧的对流热阻对传热系数 K 的影响大？

2. 强化传热的途径有哪些？如何提高传热系数 K 值？加大流体流速有何利弊？

实验九 空气-蒸汽给热系数测定实验

一、实验目的

1. 了解间壁式传热元件，掌握给热系数测定的实验方法。

2. 掌握热电阻测温的方法，观察水蒸气在水平管外壁上的冷凝现象。

3. 学会给热系数测定实验的数据处理方法，了解影响给热系数的因素和强化传热的途径。

二、基本原理

间壁式传热达到传热稳定时，有

$$Q = m_1 c_{p1}(T_1 - T_2) = m_2 c_{p2}(t_2 - t_1)$$
$$Q = \alpha_1 A_1 (T - T_w)_m = \alpha_2 A_2 (t_w - t)_m \tag{3-47}$$
$$Q = K A \Delta t_m$$

式中　　Q——传热量，$\mathrm{J/s}$；

　　　　m_1——热流体的质量流率，$\mathrm{kg/s}$；

　　　　c_{p1}——热流体的比热容，$\mathrm{J/(kg \cdot ^\circ C)}$；

　　　　T_1——热流体的进口温度，$^\circ\mathrm{C}$；

　　　　T_2——热流体的出口温度，$^\circ\mathrm{C}$；

　　　　m_2——冷流体的质量流率，$\mathrm{kg/s}$；

c_{p2}——冷流体的比热容，J/(kg·℃)；

t_1——冷流体的进口温度，℃；

t_2——冷流体的出口温度，℃；

α_1——热流体与固体壁面的对流传热系数，W/(m²·℃)；

A_1——热流体侧的对流传热面积，m²；

$(T-T_w)_m$——热流体与固体壁面的对数平均温差，℃；

α_2——冷流体与固体壁面的对流传热系数，W/(m²·℃)；

A_2——冷流体侧的对流传热面积，m²；

$(t_w-t)_m$——固体壁面与冷流体的对数平均温差，℃；

K——以传热面积 A 为基准的总给热系数，W/(m²·℃)；

Δt_m——冷热流体的对数平均温差，℃；

热流体与固体壁面的对数平均温差可由式(3-48)计算

$$(T-T_w)_m = \frac{(T_1-T_{w1})-(T_2-T_{w2})}{\ln \dfrac{T_1-T_{w1}}{T_2-T_{w2}}} \tag{3-48}$$

式中 T_{w1}——冷流体进口处热流体侧的壁面温度，℃；

T_{w2}——冷流体出口处热流体侧的壁面温度，℃；

T_1——冷流体进口处热流体的温度，℃；

T_2——冷流体出口处热流体的温度，℃。

固体壁面与冷流体的对数平均温差可由式(3-49)计算

$$(t_w-t)_m = \frac{(t_{w1}-t_1)-(t_{w2}-t_2)}{\ln \dfrac{t_{w1}-t_1}{t_{w2}-t_2}} \tag{3-49}$$

式中 t_{w1}——冷流体进口处冷流体侧的壁面温度，℃；

t_{w2}——冷流体出口处冷流体侧的壁面温度，℃。

热、冷流体间的对数平均温差可由式(3-50)计算

$$\Delta t_m = \frac{(T_1-t_1)-(T_2-t_2)}{\ln \dfrac{T_1-t_1}{T_2-t_2}} \tag{3-50}$$

当在套管式间壁换热器中，环隙通水蒸气，内管管内通冷空气或水进行对流传热系数测定实验时，则由式(3-47)得内管内壁面与冷空气或水的对流传热系数

$$\alpha_2 = \frac{m_2 c_{p2}(t_2-t_1)}{A_2(t_w-t)_m} \tag{3-51}$$

实验中测定紫铜管的壁温 t_{w1}、t_{w2}；冷空气或水的进出口温度 t_1、t_2；实验用紫铜管的长度 l、内径 d_2，$A_2=\pi d_2 l$；以及冷流体的质量流量，即可计算 α_2。

然而，直接测量固体壁面的温度，尤其管内壁的温度，实验技术难度大，且所测得的数据准确性差，会有较大的实验误差。因此，通过测量相对易测定的冷热流体温度来间接推算流体与固体壁面间的对流给热系数就成为人们广泛采用的一种实验研究手段。

由式(3-47)得

$$K = \frac{m_2 c_{p2}(t_2-t_1)}{A \Delta t_m} \tag{3-52}$$

实验测定 m_2、t_1、t_2、T_1、T_2、并查取 $t_{平均}=\dfrac{1}{2}(t_1+t_2)$ 下冷流体对应的 c_{p2}、换热面积 A，即可由式(3-52)计算得到总给热系数 K。

进而可以得到以下结果

(1) 近似法求算对流给热系数 α_2

以管内壁面积为基准的总给热系数与对流给热系数间的关系为

$$\frac{1}{K}=\frac{1}{\alpha_2}+R_{s2}+\frac{bd_2}{\lambda d_m}+R_{s1}\frac{d_2}{d_1}+\frac{d_2}{\alpha_1 d_1} \tag{3-53}$$

式中　d_1——换热管外径，m；

　　　d_2——换热管内径，m；

　　　d_m——换热管的对数平均直径，m；

　　　b——换热管的壁厚，m；

　　　λ——换热管材料的导热系数，W/(m·℃)；

　　　R_{s1}——换热管外侧的污垢热阻，m²·℃/W；

　　　R_{s2}——换热管内侧的污垢热阻，m²·℃/W。

用本装置进行实验时，管内冷流体与管壁间的对流给热系数约为几十到几百〔单位为 W/(m²·℃)〕；而管外为蒸汽冷凝，冷凝给热系数 α_1 可达 10^4 W/(m²·℃) 左右，因此冷凝传热热阻 $d_2/(\alpha_1 d_1)$ 可忽略，同时蒸汽冷凝较为清洁，因此换热管外侧的污垢热阻 $R_{s1}d_2/d_1$ 也可忽略。实验中的传热元件材料采用紫铜，导热系数为 383.8W/(m·℃)，壁厚 b 为 2.5mm，因此换热管壁的导热热阻 $bd_2/(\lambda d_m)$ 可忽略。若换热管内侧的污垢热阻 R_{s2} 也忽略不计，则由式(3-53)得

$$\alpha_2 \approx K \tag{3-54}$$

由此可见，被忽略的传热热阻与冷流体侧对流传热热阻相比越小，此法所得的准确性就越高。

(2) 对流传热系数无量纲特征数关联式的实验确定

由于流体和壁面之间的传热比较复杂，影响对流传热系数的因素有很多：流体的流动状态；引起流动的原因；流体的性质；传热面的形状大小和位置。用量纲分析方法，对无相变时的强制对流传热系数的因素进行归纳可得：

$$Nu=f(Re,Pr) \tag{3-55}$$

实验用到的物性数据 λ_i〔定性温度 t_m（℃）下流体的导热系数，W/(m·℃)〕、c_{p_i}、ρ_i、μ_i〔定性温度 t_m（℃）下流体的黏度，Pa·s〕可根据定性温度 t_m 查得，经过计算可知，对于管内被加热的空气，普朗特数 Pr_i 变化不大，可以认为是常数，则关联式形式简化为

$$Nu=ARe^m Pr^{0.4} \tag{3-56}$$

式中，A、m、n 为常数（加热时，$n=0.4$；冷却时，$n=0.3$）。整理上式，得到

$$\frac{Nu}{Pr^{0.4}}=ARe^m \tag{3-57}$$

两边取对数，得　　　　　　　$$\lg\frac{Nu}{Pr^{0.4}}=m\lg Re+\lg A \tag{3-58}$$

令　　　　　　　　　　　$$Y=\lg\frac{Nu}{Pr^{0.4}},X=\lg Re,B=\lg A$$

得到
$$Y = mX + B \tag{3-59}$$

以上推导表明，在普通坐标系中，Y 与 X 的关系为一条直线，在对数坐标系中，以 $Nu/Pr^{0.4}$ 为纵坐标，以 Re 为横坐标，对实验数据进行标绘时，所得直线的斜率等于待求的常数 m，也可由下式求出

$$m = \frac{\lg\left(\dfrac{Nu}{Pr^{0.4}}\right)_1 - \lg\left(\dfrac{Nu}{Pr^{0.4}}\right)_2}{\lg(Re)_1 - \lg(Re)_2} \tag{3-60}$$

式中的下标 1、2 分别为直线上相距较远的两个点 1、2。待求的常数 A 由下式求出

$$A = \frac{\left(\dfrac{Nu}{Pr^{0.4}}\right)_1}{(Re)_1^m} = \frac{\left(\dfrac{Nu}{Pr^{0.4}}\right)_2}{(Re)_2^m} \tag{3-61}$$

(3) 冷流体质量流量的测定

① 若用转子流量计测定冷空气的流量，还须用下式换算得到实际的流量

$$V' = V\sqrt{\frac{\rho(\rho_f - \rho')}{\rho'(\rho_f - \rho)}} \tag{3-62}$$

式中　V'——实际被测流体的体积流量，m^3/s；

$\quad\rho'$——实际被测流体的密度，kg/m^3；均可取测量温度条件下对应水或空气的密度，见冷流体物性与温度的关系式；

$\quad V$——标定用流体的体积流量，m^3/s；

$\quad\rho$——标定用流体的密度，kg/m^3；对水 $\rho = 1000kg/m^3$；对空气 $\rho = 1.205kg/m^3$；

$\quad\rho_f$——转子材料密度，kg/m^3。

于是
$$m_2 = V'\rho' \tag{3-63}$$

② 若用孔板流量计测冷流体的流量，则
$$m_2 = \rho V \tag{3-64}$$

式中，V 为冷流体进口处流量计读数；ρ 为冷流体进口温度下对应的密度。

(4) 冷流体物性与温度的关系式

在 0～100℃之间，冷流体的物性与温度的关系有如下经验拟合公式及数据。

① 空气的密度与温度的关系式：$\rho = 10^{-5}t^2 - 4.5 \times 10^{-3}t + 1.2916$

② 空气的比热容与温度的关系式：$0 < t \leqslant 60℃$，$C_p = 1005kJ/(kg \cdot ℃)$

$\qquad\qquad\qquad\qquad\qquad\qquad 60℃ < t < 70℃$，$C_p = 1.007kJ/(kg \cdot ℃)$

$\qquad\qquad\qquad\qquad\qquad\qquad 70℃ \leqslant t \leqslant 100℃$，$C_p = 1009kJ/(kg \cdot ℃)$

③ 空气的导热系数与温度的关系式：$\lambda = -2 \times 10^{-8}t^2 + 8 \times 10^{-5}t + 0.0244$

④ 空气的黏度与温度的关系式：$\mu = (-2 \times 10^{-6}t^2 + 5 \times 10^{-3}t + 1.7169) \times 10^{-5}$

三、实验装置与流程

(1) 实验装置

实验装置如图 3-18 所示。

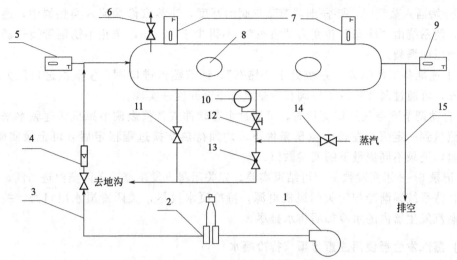

图 3-18 空气-蒸汽给热系数测定实验装置

1—风机；2—孔板流量计；3冷流体管路；4—转子流量计；5—冷流体进口温度；6—惰性气体排空阀；
7—蒸汽温度；8—视镜；9—冷流体出口温度；10—压力表；11,13—冷凝水排空阀；
12,14—蒸汽进口阀；15—冷流体出口管路

来自蒸汽发生器的水蒸气进入不锈钢套管换热器环隙，与来自风机的空气在套管换热器内进行热交换，冷凝水排出装置外。冷空气经孔板流量计或转子流量计进入套管换热器内管（紫铜管），热交换后排出装置外。

(2) 设备与仪表规格

① 紫铜管规格：直径 $\phi21\text{mm}\times2.5\text{mm}$，长度 $L=1000\text{mm}$。

② 外套不锈钢管规格：直径 $\phi100\text{mm}\times5\text{mm}$，长度 $L=1000\text{mm}$。

③ 铂热电阻及无纸记录仪温度显示。

④ 全自动蒸汽发生器及蒸汽压力表。

四、实验步骤

(1) 实验内容

① 打开控制面板上的总电源开关，打开仪表电源开关，使仪表通电预热，观察仪表显示是否正常。

② 在蒸汽发生器中灌装清水，开启发生器电源，使水处于加热状态。到达符合条件的蒸汽压力后，系统会自动处于保温状态。

③ 打开控制面板上的风机电源开关，让风机工作，同时打开冷流体进口阀，让套管换热器里充有一定量的空气。

④ 打开冷凝水出口阀，排出上次实验残留的冷凝水，在整个实验过程中也保持一定开度（注意：开度适中，开度太大会使换热器中的蒸汽跑掉，开度太小会使换热不锈钢管里的蒸汽压力过大而导致不锈钢管炸裂）。

⑤ 在通水蒸气前，也应将蒸汽发生器到实验装置之间管道中的冷凝水排除，否则夹带冷凝水的蒸汽会损坏压力表及压力变送器。具体排除冷凝水的方法是：关闭蒸汽进口阀门，打开装置下面的排冷凝水阀门，让蒸汽压力把管道中的冷凝水带走，当听到蒸汽响时关闭冷凝水排除阀，方可进行下一步实验。

⑥ 开始通入蒸汽时，要仔细调节蒸汽阀的开度，让蒸汽徐徐流入换热器中，逐渐充满系统中，使系统由"冷态"转变为"热态"，不得少于 10min，防止不锈钢管换热器因突然受热、受压而爆裂。

⑦ 上述准备工作结束，系统处于"热态"，调节蒸汽进口阀，使蒸汽进口压力维持在 0.01MPa，可通过调节蒸汽进口阀和冷凝水排空阀开度来实现。

⑧ 自动调节冷空气进口流量时，可通过组态软件或者仪表调节风机转速频率来改变冷流体的流量到一定值，在每个流量条件下，均须待热交换过程稳定后方可记录实验数值，改变流量，记录不同流量下的实验数值。

⑨ 记录 6～8 组实验数据，可结束实验。先关闭蒸汽发生器，关闭蒸汽进口阀，关闭仪表电源，待系统逐渐冷却后关闭风机电源，待冷凝水流尽，关闭冷凝水出口阀，关闭总电源。待蒸汽发生器内的水冷却后将水排尽。

(2) 蒸汽发生器使用注意事项（排冷凝水）

① 在蒸汽发生器中灌装清水，开启发生器电源，使水处于加热状态。

② 开启蒸汽进口阀 14，开启冷凝水排空阀 13，当通地沟的管子有气体出来时，关闭阀门 13，关闭阀门 14。

③ 待蒸汽发生器的红灯灭掉的时候开启阀门 14，开启阀门 12、11、13（注意阀门开度）。

(3) 实验注意事项

① 先打开冷凝水排空阀，注意只开一定的开度，开得太大会使换热器里的蒸汽跑掉，开得太小会使换热不锈钢管里的蒸汽压力增大而使不锈钢管炸裂。

② 一定要在套管换热器内管输以一定量的空气后，方可开启蒸汽阀门，且必须在排除蒸汽管线上原先积存的冷凝水后，方可把蒸汽通入套管换热器中。

③ 刚开始通入蒸汽时，要仔细调节蒸汽进口阀的开度，让蒸汽徐徐流入换热器中，逐渐加热，由"冷态"转变为"热态"，不得少于 10min，以防止不锈钢管因突然受热、受压而爆裂。

④ 操作过程中，蒸汽压力必须控制在 0.02MPa（表压）以下，以免造成对装置的损坏。确定各参数时，必须是在稳定传热状态下，随时注意蒸汽量的调节和压力表读数的调整。

五、实验数据处理

1. 打开数据处理软件，选择"空气-蒸汽给热系数测定实验"，导入 MCGS（组态软件）实验数据。

2. 打开导入的实验，可以查看实验原始数据以及实验数据的最终处理结果，点"显示曲线"，则可得到实验结果的曲线对比图和拟合公式。

3. 数据输入错误，或明显不符合实验情况，程序会有警告对话框跳出。每次修改数据后，都应点击"保存数据"，再按步骤 2 中次序，点击"显示结果"和"显示曲线"。

4. 记录软件处理结果，并可作为手算处理的对照；结束，点击"退出程序"。

六、实验报告

1. 计算冷流体给热系数的实验值。

2. 冷流体给热系数的无量纲特征数关联式：$Nu/Pr^{0.4} = ARe^m$，以 $\ln(Nu/Pr^{0.4})$ 为纵坐标，$\ln(Re^m)$ 为横坐标，将处理实验数据的结果标绘在图上，并与教材中的经验式 $Nu/Pr^{0.4} = 0.023Re^{0.8}$ 比较。

七、思考题

1. 实验中冷流体和蒸汽的流向，对传热效果有何影响？

2. 在计算空气质量流量时所用到的密度值与求雷诺数时的密度值是否一致？它们分别表示什么位置的密度，应在什么条件下进行计算？

3. 实验过程中，冷凝水不及时排走，会产生什么影响？如何及时排走冷凝水？如果采用不同压强的蒸汽进行实验，对 α 关联式有何影响？

实验十　填料塔吸收传质系数测定实验

一、实验目的

1. 了解填料塔吸收装置的基本结构及流程。

2. 掌握总体积传质系数的测定方法。

3. 加深对填料塔吸收的一些基本概念及理论知识的理解。

4. 了解相关仪器（如气相色谱仪和六通阀）的使用方法。

二、基本原理

气体吸收是典型的传质过程之一。由于 CO_2 气体无味、无毒、廉价，所以气体吸收实验常选择 CO_2 作为溶质组分。本实验采用水吸收空气中的 CO_2 组分。一般 CO_2 在水中的溶解度很小，即使预先将一定量的 CO_2 气体通入空气中混合以提高空气中的 CO_2 浓度，水中的 CO_2 含量仍然低于 10%，所以吸收的计算方法可按低浓度来处理，并且此体系 CO_2 气体的解吸过程属于液膜控制。因此，本实验主要测定 $K_x a$ 和 H_{OL}。

(1) 计算公式

填料层高度 Z 为

$$Z = \int_0^z \mathrm{d}z = \frac{L}{K_x a} \int_{x_2}^{x_1} \frac{\mathrm{d}x}{x - x^*} = H_{OL} N_{OL} \tag{3-65}$$

式中　L——液体通过塔截面的摩尔流量，$kmol/(m^2 \cdot s)$；

$K_x a$——以 Δx 为推动力的液相总体积传质系数，$kmol/(m^3 \cdot s)$；

H_{OL}——液相总传质单元高度，m；

N_{OL}——液相总传质单元数，无量纲；

x——液相中 CO_2 的摩尔分数，无量纲；

x^*——平衡时液相中 CO_2 的摩尔分数，无量纲。

令吸收因数

$$A = \frac{L}{mG}$$

$$N_{OL} = \frac{1}{1-A} \ln \left[(1-A) \frac{y_1 - mx_2}{y_1 - mx_1} + A \right] \tag{3-66}$$

(2) 测定方法

① 空气流量和水流量的测定。本实验采用转子流量计测得空气和水的流量，并根据实验条件（温度和压力）和有关公式换算成空气和水的摩尔流量。

② 测定填料层高度 z 和塔径 D。

③ 测定塔底和塔顶气相组成 y_1 和 y_2。

④ 平衡关系。本实验的平衡关系可写成

$$y = mx \tag{3-67}$$

式中　m——相平衡常数，$m = E/P$；

　　　E——亨利系数，$E = f(t)$，Pa，根据液相温度由附录查得；

　　　P——总压，Pa，取 1atm（1.0133×10^5 Pa）。

对清水而言，$x_2 = 0$，由全塔物料衡算

$$G(y_1 - y_2) = L(x_1 - x_2) \tag{3-68}$$

可得 x_1。

三、实验装置与流程

(1) 装置流程

本实验装置如图 3-19 所示，由自来水水源来的水送入填料塔塔顶经喷头喷淋在填料顶

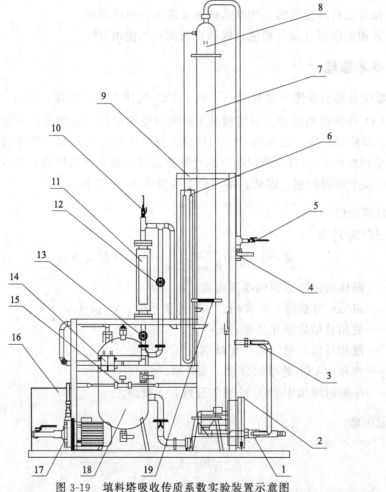

图 3-19　填料塔吸收传质系数实验装置示意图

1—液体出口阀 2；2—空气风机；3—液体出口阀 1；4—气体出口阀；5—出塔气体取样口；6—U 形管压差计；
7—填料层；8—塔顶液体初始分布器；9—液体再分布器；10—进塔气体取样口；11—转子流量计（0.4～4m³/h）；
12—混合气体进口阀 1；13—混合气体进口阀 2；14—孔板流量计；15—涡轮流量计；
16—水箱；17—水泵；18—气体混合罐；19—填料支撑装置

层。由风机送来的空气和由二氧化碳钢瓶来的二氧化碳混合后，一起进入气体混合罐，然后再进入塔底，与水在塔内进行逆流接触，进行质量和热量的交换，由塔顶出来的尾气放空，由于本实验为低浓度气体的吸收，所以热量交换可略，整个实验过程看成是等温操作。

(2) 主要设备

① 吸收塔：高效填料塔，塔径 100mm，塔内装有金属丝网波纹规整填料或 θ 环散装填料，填料层总高度 2000mm。塔顶有液体初始分布器，塔中部有液体再分布器，塔底部有栅板式填料支承装置。填料塔底部有液封装置（由图 3-19 中 1 和 3 共同组成），以避免气体泄漏。

② 填料规格和特性：金属丝网波纹规整填料，型号 JWB-700Y，规格 $\phi 100mm \times 100mm$，比表面积 $700m^2/m^3$。

③ 转子流量计：工作条件见表 3-8。

表 3-8 转子流量计工作条件

介质	条件			
	常用流量	最小刻度	标定介质	标定条件
空气	$4m^3/h$	$0.5m^3/h$	空气	20℃,1.0133×10^5Pa
CO_2	2L/min	0.2L/min	CO_2	20℃,1.0133×10^5Pa
水	600L/h	20L/h	水	20℃,1.0133×10^5Pa

④ 空气风机：旋涡式气机。
⑤ 二氧化碳钢瓶。
⑥ 气相色谱分析仪。

四、实验步骤

(1) 实验内容

① 熟悉实验流程及弄清气相色谱仪及其配套仪器结构、原理、使用方法及注意事项。
② 打开混合罐底部排空阀，排放掉空气混合储罐中的冷凝水。
③ 打开仪表电源开关及风机电源开关，进行仪表自检。
④ 开启进水阀门，让水进入填料塔润湿填料，仔细调节玻璃转子流量计，使其流量稳定在某一实验值（塔底液封控制：仔细调节液体出口阀的开度，使塔底液位缓慢地在一段区间内变化，以免塔底液封过高溢满或过低而泄气）。
⑤ 启动风机，打开 CO_2 钢瓶总阀，并缓慢调节钢瓶的减压阀。
⑥ 仔细调节风机旁路阀门的开度（并调节转子流量计的流量，使 CO_2 稳定在某一值）；建议气体流量 3~5m^3/h；液体流量 0.6~0.8m^3/h；CO_2 流量 2~3L/min。
⑦ 待塔操作稳定后，读取各流量计的读数及通过温度计、压差计、压力表上读取塔顶塔底温度、压差读数，通过六通阀在线进样，利用气相色谱仪分析出塔顶、塔底气体组成。
⑧ 实验完毕，关闭 CO_2 钢瓶和各转子流量计、风机出口阀门，再关闭进水阀门及风机电源开关（实验完成后，先停止水的流量再停止气体的流量，这样做的目的是防止液体从进气口倒压破坏管路及仪器），清理实验仪器和实验场地。

(2) 操作注意事项

① 固定好操作点后，应随时注意调整以保持各量不变。

② 在填料塔操作条件改变后，需要有较长的稳定时间，一定要等到稳定以后方能读取有关数据。

五、实验报告

1. 将原始数据列表。
2. 在双对数坐标纸上绘图表示二氧化碳解吸时体积传质系数、传质单元高度与气体流量的关系。
3. 列出实验结果与计算示例。
4. 对实验结果进行分析，提出改进建议。

六、思考题

1. 本实验中，为什么塔底要有液封？液封高度如何计算？
2. 测定 $K_x a$ 有什么工程意义？
3. 为什么二氧化碳吸收过程属于液膜控制？
4. 当气体温度和液体温度不同时，应用什么温度计算亨利系数？

实验十一　筛板塔精馏实验

一、实验目的

1. 了解筛板精馏塔及其附属设备的基本结构，掌握精馏过程的基本操作方法。
2. 学会判断系统达到稳定的方法，掌握测定塔顶、塔釜溶液浓度的实验方法。
3. 学习测定精馏塔全塔效率和单板效率的实验方法，研究回流比对精馏塔分离效率的影响。

二、基本原理

精馏是利用回流手段，同时并多次运用部分汽化和部分冷凝的方法，使混合溶液物系实现高纯度分离的操作。而精馏塔则是实现此过程的一种设备。

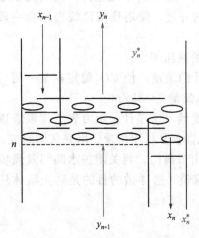

图 3-20　塔板气液流向示意图

(1) 单板效率 E_M

单板效率又称默弗里（Murphree）板效率，是指气相或液相经过一层实际塔板前后的组成变化值与经过一层理论塔板前后的组成变化值之比，如图 3-20 所示。

按气相组成变化表示的单板效率（气相默弗里板效）为：

$$E_{MV} = \frac{气相实际浓度程度}{气相理论浓度程度} = \frac{y_n - y_{n+1}}{y_n^* - y_{n+1}} \quad (3\text{-}69)$$

按液相组成变化表示的单板效率（液相默弗里板效）为：

$$E_{ML} = \frac{液相实际浓度程度}{液相理论浓度程度} = \frac{x_{n-1} - x_n}{x_{n-1} - x_n^*} \quad (3\text{-}70)$$

式中　y_n, y_{n+1}——离开第 n、$n+1$ 块塔板的气相组成，摩尔分数；

x_{n-1}, x_n——离开第 $n-1$、n 块塔板的液相组成，摩尔分数；

y_n^*——与 x_n 成平衡的气相组成，摩尔分数；

x_n^*——与 y_n 成平衡的液相组成，摩尔分数。

精馏塔的默弗里板效率可以在全回流下测定（以气相 E_{MV} 为例），此时回流比 R 为无穷大，塔内精馏段和提馏段相同，操作线与对角线重合，此时 $y_{n+1}=x_n$，$y_n=x_{n-1}$，式（3-71）即为

$$E_{MV}=\frac{x_{n-1}-x_n}{y_n^*-x_n} \tag{3-71}$$

因此，在全回流下，只需知道第 n 块板和 $n-1$ 块板上的液相组成（x_n，x_{n-1}），并根据第 n 块板的液相组成 x_n 在相平衡曲线上查取 y_n^*，即可得到塔的气相默弗里板效率 E_{MV}。

（2）全塔效率 E_T

全塔效率又称总板效率，是指达到指定分离效果所需理论板数与实际板数的比值，即：

$$E_T=\frac{N_T}{N_P}\times100\% \tag{3-72}$$

式中　N_T——完成一定分离任务所需的理论塔板数，不包括再沸器；

N_P——完成一定分离任务所需的实际塔板数，本装置 $N_P=10$。

全塔效率简单地反映了整个塔内塔板的平均效率，说明了塔板的结构、物性系数、操作状况对塔分离能力的影响。

（3）图解法求理论塔板数 N_T

对于塔内所需理论塔板数 N_T 的求取方法有两种：逐板计算法和图解法，本实验主要采用图解法。图解法又称麦卡勃-蒂列（McCabe-Thiele）法，简称 M-T 法，其原理与逐板计算法完全相同，只是将逐板计算过程在 y-x 图上直观地表示出来。

精馏段的操作线方程为：

$$y_{n+1}=\frac{R}{R+1}x_n+\frac{x_D}{R+1} \tag{3-73}$$

式中　y_{n+1}——精馏段第 $n+1$ 块塔板上升的蒸汽组成，摩尔分数；

x_n——精馏段第 n 块塔板下流的液体组成，摩尔分数；

x_D——塔顶溜出液的液体组成，摩尔分数；

R——泡点回流下的回流比。

提馏段的操作线方程为：

$$y_{m+1}=\frac{L'}{L'-W}x_m-\frac{Wx_W}{L'-W} \tag{3-74}$$

式中　y_{m+1}——提馏段第 $m+1$ 块塔板上升的蒸汽组成，摩尔分数；

x_m——提馏段第 m 块塔板下流的液体组成，摩尔分数；

x_W——塔底釜液的液体组成，摩尔分数；

L'——提馏段内下流的液体量，kmol/s；

W——釜液流量，kmol/s。

加料线（q 线）方程可表示为：

$$y=\frac{q}{q-1}x-\frac{x_F}{q-1} \tag{3-75}$$

其中
$$q = 1 + \frac{c_{pF}(t_S - t_F)}{r_F} \tag{3-76}$$

式中　q——进料热状况参数；

　　　x_F——进料液组成，摩尔分数；

　　　t_S——进料液的泡点温度，℃；

　　　t_F——进料液温度，℃；

　　　c_{pF}——进料液在平均温度 $(t_S + t_F)/2$ 下的比热容，kJ/(kmol·℃)；

　　　r_F——进料液组成下的汽化潜热，kJ/kmol。

$$c_{pF} = c_{p1}M_1 x_1 + c_{p2}M_2 x_2 \tag{3-77}$$

$$r_F = r_1 M_1 x_1 + r_2 M_2 x_2 \tag{3-78}$$

式中　c_{p1}，c_{p2}——纯组分1、2在平均温度下的比热容，kJ/(kg·℃)；

　　　r_1，r_2——纯组分1、2在泡点温度下的汽化潜热，kJ/kg；

　　　M_1，M_2——纯组分1、2的摩尔质量，kg/kmol；

　　　x_1，x_2——纯组分1、2在进料中的摩尔分数。

回流比 R 的确定：
$$R = \frac{L}{D} \tag{3-79}$$

式中　L——回流液量，kmol/s；

　　　D——馏出液量，kmol/s。

式(3-79) 只适用于泡点回流时的情况，而实际操作时为了保证上升气流能完全冷凝，冷却水量一般都比较大，回流液温度往往低于泡点温度，即冷液回流。

① 全回流操作　在精馏全回流操作时，回流比 R 为无穷大，塔内精馏段和提馏段相同，操作线在 y-x 图上为对角线，如图 3-21 所示，只需测得塔顶、塔釜流出液的组成 x_D 和 x_W，由已知的双组分物系平衡关系和全回流时的操作线方程，利用图解法在操作线和平衡线间作梯级，即可得到理论塔板数。

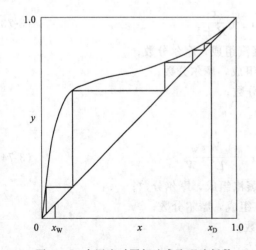
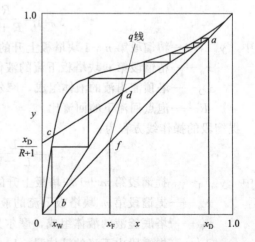

图 3-21　全回流时图解法求取理论板数　　　图 3-22　部分回流时图解法求取理论板数

② 部分回流操作　部分回流操作时，须在实验中测得塔顶、塔釜流出液的组成 x_D 和 x_W，回流比 R 和热状况 q，原料量 F 和塔顶产品量 D 等，然后由已知的双组分物系平衡关系，用图解法求得。如图 3-22 所示，具体步骤为：

a. 根据物系和操作压力在 $y\sim x$ 图上作出相平衡曲线，并画出对角线作为辅助线；

b. 在 x 轴上定出 $x=x_\mathrm{D}$、x_F、x_W 三点，依次通过这三点作垂线分别交对角线于点 a、f、b；

c. 在 y 轴上定出 $y_\mathrm{c}=x_\mathrm{D}/(R+1)$ 的点 c，连接 a、c 作出精馏段操作线；

d. 由进料热状况求出 q 线的斜率 $q/(q-1)$，过点 f 作出 q 线交精馏段操作线于点 d；

e. 连接点 d、b 作出提馏段操作线；

f. 从点 a 开始在平衡线和精馏段操作线之间画阶梯，当梯级跨过点 d 时，就改在平衡线和提馏段操作线之间画阶梯，直至梯级跨过点 b 为止；

g. 所画的总阶梯数就是全塔所需的理论塔板数（包含再沸器），跨过点 d 的那块板就是加料板，其上的阶梯数为精馏段的理论塔板数。

三、实验装置与流程

本实验装置示意图如图 3-23 所示，主体设备是筛板精馏塔，配套的有加料系统、回流

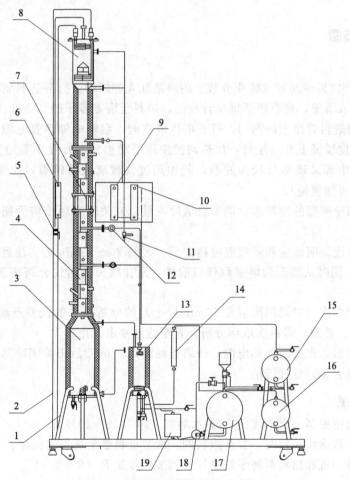

图 3-23　筛板塔精馏实验装置示意图

1—冷凝水进口；2—冷凝水出口；3—塔釜；4—塔节；5—塔顶放空阀；6—冷凝水流量计；
7—玻璃视镜；8—塔顶冷凝器；9—全回流流量计；10—部分回流流量计；
11—塔顶出料取样口；12—进料阀；13—换热器；14—残液流量计；
15—产品罐；16—残液罐；17—原料罐；18—进料泵；19—计量泵

系统、产品出料管路、残液出料管路、进料泵和一些测量及控制仪表。

筛板塔主要结构参数如下：

塔内径 $D=68$mm，厚度 $\delta=4$mm，塔板数 $N=10$ 块，板间距 $H_T=100$mm。

加料位置由下向上起数第 4 块和第 6 块。

降液管采用弓形，齿形堰，堰长 56mm，堰高 7.3mm，齿深 4.6mm，齿数 9 个。降液管底隙 4.5mm。

筛孔直径 $d_0=1.5$mm，正三角形排列，孔间距 $t=5$mm，开孔数为 77 个。

塔釜为内电加热式，加热功率 2.5kW，有效容积为 10L。

塔顶冷凝器、塔釜换热器均为盘管式。

单板取样为自下而上第 1 块和第 10 块，斜向上为液相取样口，水平管为气相取样口。

本实验料液为乙醇-水混合溶液，釜内液体由电加热器产生蒸汽逐板上升，经与各板上的液体传质后，进入盘管式换热器壳程，冷凝成液体后再从集液器流出，一部分作为回流液从塔顶流入塔内，另一部分作为产品馏出，进入产品储罐；残液经釜液转子流量计流入釜液储罐。

四、实验步骤

(1) 全回流

① 配制浓度 10%～20%（体积分数）的料液加入储罐中，打开进料管路上的阀门，由进料泵将料液打入塔釜，观察塔釜液位计高度，进料至塔釜容积的 2/3 处。

② 关闭塔身进料管路上的阀门，打开塔顶放空阀，启动电加热管电源，逐步增加加热电压，使塔釜温度缓慢上升（注意：加热调控使用手动模式，开度不要超过 70%，开始要小一些，因为塔中部玻璃部分较为脆弱，若加热过快玻璃极易碎裂，使整个精馏塔报废，故升温过程应尽可能缓慢）。

③ 打开塔顶冷凝器的冷却水，调节合适冷凝量，并关闭塔顶出料管路，使整塔处于全回流状态。

④ 当塔顶温度、回流量和塔釜温度稳定后（大约 20～30min 后，注意调节电流，防止过多雾沫夹带），同时从塔顶和塔釜取样口取样，送往阿贝折射仪分析塔顶浓度 x_D 和塔釜浓度 x_W。

⑤ 如果连续 2 次（时间间隔应在 10min 以上）的分析结果的误差不超过 5%，即认为已达到实验要求。否则，需再次取样分析，直至达到要求为止。

⑥ 完成实验后，先关闭加热电源，待塔釜温度低于 60℃后再关闭冷却水阀。

⑦ 检查水电安全，整理清洁。

(2) 部分回流

① 在储料罐中配制一定浓度的乙醇-水溶液（约 10%～20%）。

② 待塔全回流操作稳定时，打开进料阀，调节进料量至适当的流量。

③ 控制塔顶回流和出料两转子流量计，调节回流比 R（$R=1$～4）。

④ 打开塔釜残液流量计，调节至适当流量。

⑤ 当塔顶、塔内温度读数以及流量都稳定后即可取样，分析处理方法同全回流。

(3) 取样与分析

① 进料、塔顶、塔釜料液从各相应的取样阀放出。

② 塔板取样用注射器从所测定的塔板中缓缓抽出，取 1mL 左右注入事先洗净烘干的针剂瓶中，并给该瓶盖标号以免出错，各个样品尽可能同时取样。

③ 将样品送往事先用配套的超级恒温水浴温控好的（如 35℃）阿贝折射仪分析，并记录好相应的数据。

(4) 注意事项

① 塔顶放空阀一定要打开，否则容易因塔内压力过大导致危险。

② 料液一定要加到设定液位 2/3 处方可打开加热管电源，否则塔釜液位过低会使电加热丝露出干烧致坏。

③ 如果实验中塔板温度有明显偏差，是由于所测定的温度不是气相温度，而是气液混合相的温度。

五、实验报告

1. 将塔顶、塔底温度和组成、各流量计读数等原始数据以及计算结果整理列表。

2. 按全回流和部分回流分别用图解法计算理论板数。

3. 计算全塔效率和单板效率。

4. 分析并讨论实验过程中观察到的现象。

六、思考题

1. 测定全回流和部分回流总板效率与单板效率时各需测几个参数？

2. 全回流时测得板式塔上第 n、$n-1$ 层液相组成后，如何求得 x_n^*？部分回流时，又如何求 x_n^*？

3. 在全回流时，测得板式塔上第 n、$n-1$ 层液相组成后，能否求出第 n 层塔板上的以气相组成变化表示的单板效率？

4. 查取进料液的汽化潜热时定性温度取何值？

5. 若测得单板效率超过 100%，如何解释？

6. 试分析实验结果成功或失败的原因，提出改进意见？

实验十二　填料塔精馏实验

一、实验目的

1. 了解填料精馏塔及其附属设备的基本结构，掌握精馏过程的基本操作方法。

2. 学会判断系统达到稳定的方法，掌握测定塔顶、塔釜溶液浓度的实验方法。

3. 掌握保持其他条件不变下调节回流比的方法，研究回流比对精馏塔分离效率的影响。

4. 掌握用图解法求取理论板数的方法，并计算等板高度（HETP）。

二、基本原理

填料塔属于连续接触式传质设备，填料精馏塔与板式精馏塔的不同之处在于塔内气液相浓度前者呈连续变化，后者呈逐级变化。等板高度（HETP）是衡量填料精馏塔分离效果的一个关键参数，等板高度越小，填料层的传质分离效果就越好。

(1) 等板高度（HETP）

HETP 是指与一层理论塔板的传质作用相当的填料层高度。填料塔分离效果的好坏可以从等板高度的值来判断，等板高度值越小，说明填料层传质分离效果越好。它的大小，不仅取决于填料的类型、材质与尺寸，而且受系统物性、操作条件及塔设备尺寸的影响。对于双组分体系，根据其物料关系，通过实验测得塔顶组成 x_D、塔釜组成 x_W、进料组成 x_F 及进料热状况 q、回流比 R 和填料层高度 Z 等有关参数，用图解法求得其理论板 N_T 后，即可用下式确定：

$$\text{HETP} = \frac{Z}{N_T} \tag{3-80}$$

(2) 图解法求理论塔板数 N_T

方法同筛板精馏塔。

(3) 芬斯克方程

在全回流操作时，其理论塔板数 N_T 即为最小理论塔板数 N_{min}（不含再沸器）。因此，N_T 除了用图解法求取外，也可用芬斯克方程计算：

$$N_{min} = \frac{\lg\left[\left(\frac{x_D}{1-x_D}\right)\left(\frac{1-x_W}{x_W}\right)\right]}{\lg\alpha_m} \tag{3-81}$$

式中 N_{min}——全回流时所需的最小理论塔板数（不包括再沸器）；

α_m——全塔平均相对挥发度；

x_D——塔顶产品组成，%；

x_W——塔釜产品组成，%。

在部分回流操作时，可先由芬斯克方程和吉利兰图或图解法求出理论塔板数 N_T，再用式(3-80) 计算等板高度。

三、实验装置与流程

本实验装置的主体设备是填料精馏塔，配套的有加料系统、回流系统、产品出料管路、残液出料管路、进料泵和一些测量、控制仪表。如图 3-24 所示。

填料精馏塔主要结构参数如下：

塔内径 $D=68mm$，塔内填料层总高 $Z=2m$（乱堆），填料为 θ 环。

进料位置距填料层顶面 1.2m 处。

塔釜为内电加热式，加热功率 2.5kW，有效容积为 9.8L。

塔顶冷凝器为盘管式换热器。

本实验料液为乙醇溶液，由进料泵打入塔内，釜内液体由电加热器加热汽化，经填料层内填料完成传质传热过程，进入盘管式换热器管程，塔顶蒸汽由壳层冷却水全部冷凝成液体，从塔顶出料，再通过调节塔顶出料流量计和回流液流量计，使塔顶出料一部分作为回流液从塔顶流入塔内，另一部分作为产品馏出，进入产品储液槽；残液经塔釜出料流量

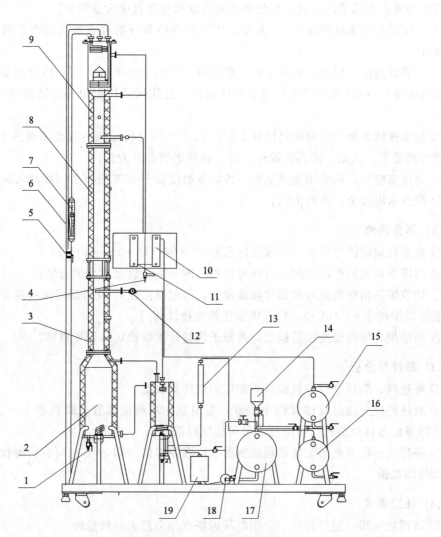

图 3-24 填料塔精馏实验装置

1—塔釜排液口；2—塔釜；3—提馏段塔节；4—产品取样口；5—惰性气体排空口；6—冷凝水出水管路；

7—冷凝水流量计；8—精馏段塔节；9—塔顶冷凝器；10—塔顶出料流量计；11—回流液流量计；

12—进料阀；13—塔釜出料流量计；14—原料加料口；15—产品储液槽；

16—残液储液槽；17—原料储液槽；18—进料泵；19—计量泵

计流入残液储液槽。

四、实验步骤

（1）全回流

① 在原料储液槽中配制浓度 10%～20%（酒精的体积分数）的料液，由进料泵打入塔釜中，至塔釜容积的 2/3 处，料液浓度以塔运行后取样口色谱分析为准。

② 关闭塔身进料管路上的阀门，启动电加热管电源，使塔釜温度缓慢上升。开冷却水水源，打开冷却水进出口阀门，通过调节水进口处转子流量计，使塔顶放空阀中液滴间断性地下落，窥视节内有液体回流即可。建议冷却水流量为 40～60m³/h 左右，过大则使塔

顶蒸汽冷凝液溢流回塔内，过小则使塔顶蒸汽由放空阀直接大量溢出。

③ 建议塔顶回流液流量计 6L/h 左右，过大则使部分回流液溢流到产品槽内，破坏全回流条件。

④ 当塔顶温度、回流量和塔釜温度稳定后（大约 20～30min 后，注意调节电流，防止过多雾沫夹带），同时从塔顶和塔釜取样口取样，送往阿贝折射仪分析塔顶浓度 x_D 和塔釜浓度 x_W。

⑤ 如果连续 2 次（时间间隔应在 10min 以上）的分析结果的误差不超过 5%，即认为已达到实验要求。否则，需再次取样分析，直至达到要求为止。

⑥ 完成实验后，先关闭加热电源，待塔釜温度低于 60℃后再关闭冷却水阀。

⑦ 检查水电安全，整理清洁。

(2) 部分回流

① 在原料储液槽中配制一定浓度的乙醇-水溶液（约 10%～20%）。

② 待塔全回流操作稳定时，打开进料阀，调节进料量至适当的流量。

③ 调节塔顶出料流量计和回流液流量计，确定回流比 R 及塔顶回流液流量，塔顶回流液流量范围控制在 8～10L/h，打开塔釜出料流量计阀门。

④ 当塔顶、塔内温度读数稳定，各转子流量计读数稳定后即可取样。

(3) 取样与分析

① 将进料、塔顶、塔釜料液从各相应的取样阀放出。

② 取样前应先放空取样管路中残液，再用取样液润洗试管，最后取 10mL 左右样品，并给该瓶盖标号以免出错，各个样品尽可能同时取样。

③ 将样品送往事先用配套的超级恒温水浴温控好的（如 35℃）阿贝折射仪分析，并记录好相应的数据。

(4) 注意事项

① 塔顶放空阀一定要打开，否则容易因塔内压力过大导致危险。

② 料液一定要加到设定液位 2/3 处方可打开加热管电源，否则塔釜液位过低会使电加热丝露出干烧致坏。

五、实验报告

1. 将塔顶、塔底温度和组成、各流量计读数等原始数据以及计算结果整理列表。

2. 按全回流和部分回流分别用图解法计算理论板数。

3. 计算等板高度（HETP）。

4. 分析并讨论实验过程中观察到的现象。

六、思考题

1. 欲知全回流与部分回流时的等板高度，各需测取哪几个参数？取样位置应在何处？

2. 在填料精馏塔操作中，气体和液体在塔内的流动可能会出现哪些现象？

3. 在精馏操作过程中，回流液温度发生波动对操作会产生什么影响？

4. 当操作回流比 $R < R_{min}$ 时，精馏塔是否还能够正常操作？为什么？

实验十三　液-液萃取实验

一、实验目的

1. 了解转盘萃取塔的基本结构特点、操作方法以及萃取的工艺流程。

2. 观察转盘转速变化时萃取塔内轻、重两相流动状况，分析萃取操作的主要影响因素，研究萃取操作条件对萃取过程的影响。

3. 掌握单位萃取高度（每米）的传质单元数 N_{OR}、传质单元高度 H_{OR} 和萃取分离效率（萃取率）η 的实验测定原理和方法。

二、基本原理

液-液萃取，又称溶剂萃取或抽提，是分离和提纯物质的重要单元操作之一。其原理是在待分离的液体混合物（第一液相）中加入与其不完全混溶的流体作为溶剂（又称萃取剂），造成第二液相，形成共存的两个液相，利用混合液（第一液相）中各组分在原溶剂与萃取剂中溶解度的差异，实现混合液中各组分的分离。

在液-液体系中，两相间的密度差较小，界面张力也不大，所以在液-液相的接触过程中用于强化过程的惯性力不大，并且已分散的两相分层分离能力也不高。因此，对于气-液相分离效率较高的设备，用于液-液传质就显得效率不高。为了提高液-液相传质设备的效率，常常需要从外界补给能量，如搅拌、脉动、振动等措施。对于转盘萃取塔、振动萃取塔、填料塔等微分接触式萃取塔的传质过程，一般采用传质单元数 N_{OR} 和传质单元高度 H_{OR} 来表征塔的传质特性。

本实验液-液萃取采用转盘萃取塔。操作时，两种液体在塔内作逆流流动，其中一相液体作为分散相，以液滴形式通过另一种连续相液体，两种液相的浓度则在设备内作微分式的连续变化，并依靠密度差在塔的两端实现两液相间的分离。当轻相作为分散相时，相界面出现在塔的上端；反之，当重相作为分散相时，则相界面出现在塔的下端。

（1）传质单元法的计算

计算微分逆流萃取塔的塔高时，主要是采取传质单元法。即以传质单元数和传质单元高度来表征，传质单元数表示过程分离程度的难易，传质单元高度表示设备传质性能的好坏。

$$H = H_{OR} N_{OR} \tag{3-82}$$

式中　H——萃取塔的有效接触高度，m；

　　H_{OR}——以萃余相为基准的总传质单元高度，m；

　　N_{OR}——以萃余相为基准的总传质单元数，无量纲。

按定义，N_{OR} 的计算式为

$$N_{OR} = \int_{x_R}^{x_F} \frac{\mathrm{d}x}{x - x^*} \tag{3-83}$$

式中　x_F——进塔原料液中溶质 A 的质量比组成，kg 溶质/kg 溶剂；

　　x_R——出塔萃余相中溶质 A 的质量比组成，kg 溶质/kg 溶剂；

　　x——塔内某截面处萃余相中溶质 A 的质量比组成，kg 溶质/kg 溶剂；

x^*——塔内某截面处与萃取相平衡的萃余相中溶质 A 的质量比组成，kg 溶质/kg 溶剂。

传质单元数 N_{OR} 可由图解积分或数值积分法求得。当萃余相浓度较低时，平衡曲线可近似为过原点的直线，操作线也可以简化为直线，此时 N_{OR} 可用对数平均推动力或萃取因数法近似求得，如图 3-25 所示。

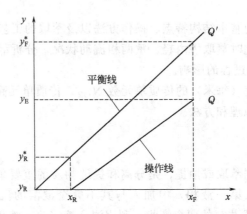

图 3-25 萃取平均推动力计算示意图

由积分式(3-83) 可得

$$N_{OR}=\frac{x_F-x_R}{\Delta x_m} \tag{3-84}$$

式中，Δx_m 为传质过程的平均推动力，在操作线、平衡线作直线近似的条件下为

$$\Delta x_m=\frac{(x_F-x^*)-(x_R-0)}{\ln\dfrac{(x_F-x^*)}{(x_R-0)}}=\frac{\left(x_F-\dfrac{y_E}{k}\right)-x_R}{\ln\dfrac{\left(x_F-\dfrac{y_E}{k}\right)}{x_R}} \tag{3-85}$$

式中 k——分配系数，例如对于本实验的煤油-苯甲酸-水体系，$k=2.26$；

y_E——出塔萃取相的质量比组成，kg 溶质/kg 溶剂。

对于 x_F、x_R 和 y_E，可分别在实验中通过取样滴定分析而得，y_E 也可以通过如下的物料衡算而得

$$F+S=E+R \tag{3-86}$$
$$Fx_F+S\times0=Ey_E+Rx_R \tag{3-87}$$

式中 F——原料液质量流量，kg/h；

S——萃取剂质量流量，kg/h；

E——萃取相质量流量，kg/h；

R——萃余相质量流量，kg/h。

对于稀溶液的萃取过程，因为 $F\approx R$，$S\approx E$，所以有

$$y_E=\frac{F}{S}(x_F-x_R) \tag{3-88}$$

实验中，若取 $F/S=1/1$（质量流量比），则式(3-88) 可简化为

$$y_E=x_F-x_R \tag{3-89}$$

当分配曲线为非直线时，上述简化处理不再适用，此时可以通过图解积分法求取 N_{OR}。

传质单元高度 H_{OR} 表示设备传质性能的好坏。当 N_{OR} 求出以后，H_{OR} 可按下式计算

$$H_{OR} = \frac{H}{N_{OR}} \tag{3-90}$$

则总体积传质系数 $K_x a$ 可按下式计算

$$K_x a = \frac{B}{H_{OR}\Omega} \tag{3-91}$$

式中　B——原料液中原溶剂的流量，kg/h，$B = F(1-x_F)$；

　　　Ω——萃取塔的横截面积，m²；

　　　$K_x a$——以萃余相中溶质的质量比组成为推动力的总体积传质系数，kg/(m³·h·Δx)。

(2) 萃取率 η 的计算

萃取设备的分离效率可用萃取率 η 表示，为被萃取剂萃取的组分 A 的量与原料液中组分 A 的量之比，即

$$\eta = \frac{F x_F - R x_R}{F x_F} \times 100\% \tag{3-92}$$

对于稀溶液的萃取过程，因为 $F \approx R$，所以有

$$\eta = \frac{x_F - x_R}{x_F} \times 100\% \tag{3-93}$$

三、实验装置与流程

本实验所用转盘萃取装置如图 3-26 所示。实验以煤油为萃取剂，从水中萃取苯甲酸。本装置操作时应先在塔内灌满连续相（重相）——水与苯甲酸混合液，然后加入分散相（轻相）——煤油。轻相由塔底进入向上流动，经塔设备萃取后由塔顶流出；重相由塔顶进入向下流动至塔底，经Ⅱ形管流出，轻、重两相在塔内呈逆向流动。对于本装置采用的实验物料体系，凝聚是在塔的上端中进行（塔的下端也设有凝聚段）。本装置外加能量的输入，可通过直流调速器来调节中心轴的转速。

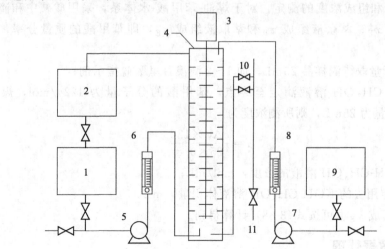

图 3-26　转盘萃取装置示意图

1—轻相槽；2—萃余相槽（回收槽）；3—电机搅拌系统；4—萃取塔；5—轻相泵；6—轻相流量计；

7—重相泵；8—重相流量计；9—重相槽；10—Ⅱ形管闸阀；11—萃取相出口

转盘萃取塔参数如下：

塔内径：60mm；

塔高：1200mm；

传质区高度：750mm。

四、实验步骤

1. 称取一定量（约 40g）的苯甲酸，用 20L 左右的去离子水配制成含苯甲酸的饱和或近饱和溶液，然后将其倒入重相槽（原料储槽）内（注意：勿直接在槽内配制饱和溶液，防止固体颗粒堵塞输送泵的入口，同时防止固体颗粒给滴定分析实验带来较大的误差）。

2. 将煤油灌入轻相槽（萃取剂槽）内。

3. 用磁力泵将重相（水相）送入萃取塔内（注意：磁力泵切不可空载运行）。

4. 通过调节转速来控制外加能量的大小，在操作时转速逐步加大，中间会跨越一个临界转速（共振点）。一般实验取 4 个以上不同转速，分析转速的变化对传质单元数和传质效率的影响（注意：转速应小于 800r/min。该设备上的直流调速器必须先关闭后启动，否则无法启动）。

5. 水相在萃取塔内搅拌流动，使塔内充满连续相，并连续运行 5min 后，开启分散相（煤油）管路上的阀门。调节两相的体积流量，一般在 10～20L/h 范围内，根据实验要求将两相的质量流量调节到一定比例（例如水和油质量比为 1：1）。注意：在进行数据计算时，对煤油转子流量计测得的数据要进行校正，即煤油的实际流量应为

$$V_{校} = V_{测} \sqrt{\frac{1000}{800}} \qquad (3-94)$$

式中，$V_{测}$ 为煤油流量计上的显示值。

6. 待分散相在塔顶凝聚一定厚度的液层后，再通过连续相出口管路中Ⅱ形管上的阀门开度来调节两相界面高度，操作中应维持上集液板中两相界面的恒定。

7. 通过改变转速来分别测取效率 η 或 H_{OR}，从而判断外加能量对萃取过程的影响。

8. 取样分析和组成浓度的测定。对于煤油-苯甲酸-水体系，采用酸碱中和滴定的方法测定进料液组成 x_F、萃余液组成 x_R 和萃取液组成 y_E，即苯甲酸的质量分率，具体步骤如下：

① 用移液管量取待测样品 25mL，加 1～2 滴溴百里酚蓝指示剂；

② 用 KOH-CH$_3$OH 溶液滴定至终点，苯甲酸的分子量为 122g/mol，煤油密度为 0.8g/mL，样品量为 25mL，则所测浓度为

$$x = \frac{c \Delta V \times 122}{25 \times 0.8} \qquad (3-95)$$

式中　c——KOH-CH$_3$OH 溶液的浓度，mol/mL；

ΔV——滴定用去的 KOH-CH$_3$OH 溶液体积量，mL。

③ 萃取相组成 y_E 也可按式(3-88)计算得到。

五、实验数据处理

1. 以煤油为分散相，水为连续相，进行萃取过程的操作。

2. 参考表 3-9、表 3-10，完成实验记录及数据处理结果表。

表 3-9　液-液萃取实验原始记录表

姓名：_____　学号：_____　同组：_____　日期：_____　装置型号：_____

氢氧化钾的浓度 $c_{KOH}=$ _____ mol/mL

编号	重相流量 /(L/h)	轻相流量 /(L/h)	转速 n/(r/min)	ΔV_F /mL(KOH)	ΔV_R /mL(KOH)	ΔV_S /mL(KOH)
1						
2						
3						

表 3-10　液-液萃取实验数据处理结果表

编号	转速 n/(r/min)	萃余相浓度 x_R	萃取相浓度 y_E	平均推动力 Δx_m	传质单元高度 H_{OR}/m	传质单元数 N_{OR}	效率 η
1							
2							
3							

3. 计算不同转速下的萃取效率、传质单元高度、传质单元数，并绘制相关曲线图。

4. 分析转盘转速对萃取操作的影响及实验过程中发现的其他问题。

六、思考题

1. 请分析比较萃取实验装置与吸收、精馏实验等气液传质装置的异同点？

2. 本萃取实验装置的转盘转速是如何调节和测量的？

3. 从实验结果分析转盘转速变化对萃取传质系数和萃取率的影响。

实验十四　板式塔流体力学测试实验

一、实验目的

1. 熟悉筛板塔、泡罩塔和浮阀塔的塔板结构。

2. 观察比较各类型塔板上的气、液两相的流动和接触状况。

3. 测定各塔板流体力学性能（板压降、漏液、液泛、雾沫夹带等情况），掌握板式塔的操作状况和性能特点。

二、基本原理

板式塔是一类用于气液或液液系统的分级接触传质设备，广泛应用于石油、化工、医药、轻工等生产中的精馏、吸收（解吸）和萃取（如筛板塔）等传质过程。与填料塔不同，板式塔内装塔板，气液传质在板上液层空间内进行，属于逐级接触式气液传质设备。操作时，液体在重力作用下，自上而下依次流过各层塔板，至塔底排出；气体在压力差推动下，自下而上依次穿过各层塔板，至塔顶排出。每块塔板上保持一定深度的液层，气液两相通过塔板的孔道结构进行充分接触（逆流和错流），从而达到传质和传热的目的。

(1) 塔盘的结构及分类

塔盘是板式塔的主要部件之一，用以使气液两种流体紧密接触，是实现传质传热的核心部件。它包括塔板、降液管及溢流堰、紧固件和支承件等（图 3-27），其结构和性能决定了板式塔的基本性能。塔板一般为圆形的板，开有许多孔，并常常设置促使两种流体密切接触的传质元件。根据传质元件的结构不同，主要有泡罩塔板、浮阀塔板、筛孔塔板（筛板）等。

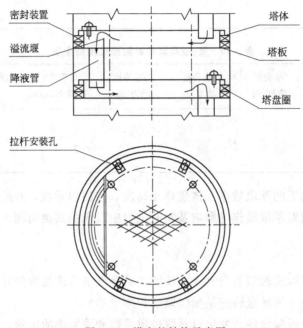

图 3-27 塔盘的结构示意图

① 泡罩塔板 泡罩塔板是最早在工业上大规模应用的板型之一，具有成熟的设计方法和操作经验。泡罩塔板结构如图 3-28（a）所示，每层塔板上装有若干短小的升气管，为上升气体的通道。由于升气管高出液面，故板上液体不会从中漏下。每根升气管上覆盖一只外形如钟罩状的圆形或条形泡罩，与升气管之间形成回转空间。泡罩下部周边通常开有许多齿缝，其形状有矩形、三角形及梯形。操作时，上升气相通过升气管上升进入泡罩与升气管间的回转空间，以一定的喷出速度由泡罩下边缘或齿缝喷出，与塔板上的液体形成鼓泡接触，进行传质传热。

泡罩塔板气体接触良好，操作弹性大且稳定可靠，能在较大的负荷变化范围内保持高效率，而且耐油污，适应多种介质且不易堵塞。但泡罩塔板结构复杂，成本高；板上液层厚，气体流径曲折，塔板压降大，雾沫夹带现象严重；且塔板阻力和液面落差较大，气体分布不均，影响板效率的提高。因此，现阶段泡罩塔较少使用。

② 浮阀塔板 浮阀塔板于 20 世纪 50 年代开始在工业上广泛应用。浮阀塔板结构如图 3-28（b）所示，在带有降液管的塔板上开有若干大孔，每个孔装有一个可以自由上下浮动的阀片，阀片的开启程度随气速的不同可以调节。这种结构可以有效地避免漏液，但气流阻力增大，且存在塔板粘连问题。国内最常采用的阀片形式有 F1 型（相当于国外的 V-1 型），另外还有 V-4 型及 T 型浮阀。操作时，上升的气体通过板上的浮阀，使浮阀上升打

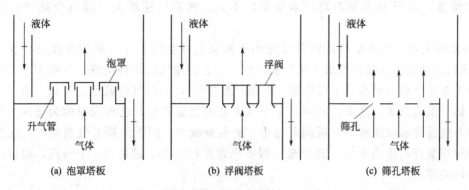

图 3-28　常用几种塔板结构示意图

开，气体从阀片和阀孔之间鼓泡穿过液层，并与板上横流的液体充分接触，从而达到传热传质的目的。

浮阀塔构造相对简单，造价低于泡罩塔，且生产能力大，操作弹性大，适应性强，塔体板效率高，气体压降及液面落差较小。因此，目前是国内精馏操作中应用最广的一种塔型。在吸收、解吸等操作中也有应用，效果较好。

③ 筛孔塔板（筛板）　筛孔塔板也是最早出现的塔板之一，其结构如图 3-28(c) 所示。在塔板上开有许多均匀分布的筛孔，操作时上升气流直接通过筛孔分散成细小的流股，在板上液层中鼓泡而出，与液体密切接触。在正常操作范围内，通过筛孔上升的气流应能阻止液体经筛孔向下泄漏，液体通过降液管逐板流下。

筛板塔的优点是结构简单，造价低廉；气体压降和板上液面落差也较小，操作得当时可以稳定操作，且生产能力及板效率较泡罩塔高。但缺点是操作弹性范围较窄，板效率低于浮阀塔，且小孔筛板容易堵塞。因此，近年来对大孔（直径可达 30mm）筛板的研究和应用较多。这种大孔筛板塔可用于大塔径、易堵塞物料，一般采用气、液错流方式，可以提高气速以及生产能力。

(2) 板式塔的操作弹性

塔板上气液接触良好与否，和塔板结构、气液两相相对流动情况有关，通过调整最适气、液流量，可以达到最佳的传质、传热效率。因此，塔板传质性能的好坏很大程度上取决于塔板上的流体力学状态。当液体流量一定，气体空塔速度从小到大变动时，可以观察到几种正常的操作状态：鼓泡态、泡沫态和喷射态。当塔板在很低的气速下操作时，会出现漏液现象；在很高的气速下操作，又会产生过量液沫夹带；在气速和液相负荷均过大时还会产生液泛等几种不正常的操作状态。

塔板的操作弹性就是操作上限与操作下限之比（即最大气量与最小气量之比，或最大液量与最小液量之比）。操作弹性是塔板的一个重要特性，操作弹性越大，则该塔稳定操作范围越大。为了使塔板在稳定范围内操作，必须了解板式塔的几个极限操作状态。本实验主要观察测定各塔板的漏液、严重液沫夹带和液泛现象，即塔板的操作上限和下限。

① 漏液　在一定液量下，当气体通过塔板的速度较小时，塔板上的液体会有一部分从上面漏下来，这样就会降低塔板的传质效率。因此一般要求塔板应在不超过允许漏液量的情况下操作。通常认为相对漏液量（漏液量/液流量，即液体从塔板孔泄漏的量

占液体流量）小于 10％时对塔板效率影响不大。随着气速增大，漏液会减少，甚至不漏液。

② 液沫夹带 当小液滴的沉降速度小于液层上方空间上升气流的速度（与板间距无关），或较大液滴的沉降速度虽大于气流速度，但它们在气流的冲击或气泡破裂时获得了足够的向上初速度而被弹溅到上层塔板（与板间距有关），此时气体鼓泡通过板上液层时会将部分液体分散成液滴，而部分液滴被上升气流带入上层塔板，这种现象称为液沫夹带。液沫夹带与气速和板间距有关，板间距越小，夹带量越大；同板间距时气速越人，夹带量越大。为保证良好的传质效果，夹带量一般不允许超过 0.1kg 液体/kg 干蒸汽，超过时即为严重液沫夹带。

③ 液泛 当液体流量足够大，使得降液管内液体积累上升以至于超过溢流堰时或当气速过大，把下层板上的液体大量带入上层塔板使液层增高，此时塔内液体不能顺畅逐板流下，导致持液量增多，塔板间充满液体，气相空间变小，这种现象称为液泛。液泛时，塔板不能正常操作，应控制气液流量，避免发生液泛现象。

塔板的气液正常操作区通常以塔板的负荷性能图表示。负荷性能图以气体体积流量（m³/s）为纵坐标，液体体积流量（m³/s）为横坐标标绘而成，它由漏液线、液沫夹带线、液相负荷下限线、液相负荷上限线和液泛线五条线组成。当塔板的类型、结构尺寸以及待分离的物系确定后，负荷性能图可通过实验确定。

传质效率高、处理量大、压力降低、操作弹性大以及结构简单、加工维修方便是评价塔板性能的主要指标。为了适应不同的要求，开发了多种新型塔板。本实验装置安装的塔板可以更换，有筛板、浮阀、斜孔塔板可供实验时选用，也可将自行构思设计的塔板安装在塔上进行研究。

三、实验装置

实验所用板式塔由泡罩塔板、小孔筛板、大孔筛板、浮阀塔板组成，其装置如图 3-29 所示。主要设备及仪表参数如下：

板式塔规格：塔高 1350mm，塔径 ϕ 210mm × 5mm，材料为有机玻璃，板间距 300mm；

空气流量由气体转子流量计测量：LZB40，量程 6～60m³/h；

水流量由液体转子流量计测量：LZB-15，量程 100～1000L/h；

风机：XGB-12；

水泵：WB50/025。

四、实验步骤

(1) 实验内容

① 首先向水箱内加入一定量的蒸馏水（约水箱 2/3 容积），将气体流量旁路调节阀全开，将离心泵流量调节阀（V5）关闭。

② 先测定干塔压降，打开第一块板进料阀（V1），关闭其他塔板的阀门后，启动旋涡气泵。通过调节空气流量计分别测定不同空气流量下第一块塔板的干板压降。同理，测定其他塔板的干塔压降。

③ 再测定湿塔压降，启动离心泵，将液体转子流量计打开，将液体流量调节到适当位

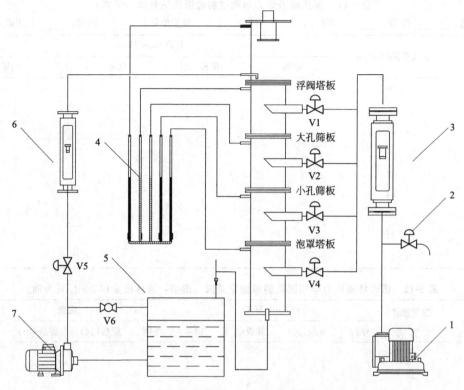

图 3-29　板式塔流体力学测试实验装置示意图

1—风机；2—气体流量旁路调节阀；3—气体转子流量计；4—U 形管压差计；

5—水箱；6—液体转子流量计；7—离心泵

置，分别改变空气流量测出不同塔板的湿塔压降，同时仔细观察比较各类型塔板上的气、液两相的流动和接触状况。

④ 改变水的流量，测量不同塔板压降。

⑤ 实验结束时先关闭离心泵流量调节阀（V5），待塔内液体大部分流回到塔底时再关闭旋涡气泵。

⑥ 切断电源，检查水电，并清理卫生。

（2）操作注意事项

① 为保护有机玻璃塔的透明度，实验用水尽量采用蒸馏水。

② 开车时先开旋涡气泵后再开离心泵，停车反之，避免板式塔内的液体灌入风机中。

③ 实验过程中每改变空气流量或水流量时，流量计会因为流体的流动而上下波动，取中间数值为测取数据。

④ 若 U 形管压差计指示液面过高时将导压管取下用吸耳球吸出指示液。

⑤ 水箱必须充满水，否则空气压力过大易短路。

五、实验数据处理

1. 测定各塔板干塔和湿塔下的板压降，观察现象，参考数据表格示例制作完成实验记录表（见表 3-11、表 3-12）。

表 3-11　板式塔流体力学测试实验原始记录表（干塔）

姓名：_____　学号：_____　同组：_____　日期：_____　装置型号：_____　温度：_____　压强：_____

序号	空气流量/(m³/h)	压降/mm H₂O			
		浮阀	筛板（大）	筛板（小）	泡罩
1	6				
2	10				
3	14				
4	18				
5	22				
6	26				
7	30				
8	34				
9	40				

表 3-12　板式塔流体力学测试实验原始记录表（湿塔，液体流量以 300L/h 为例）

序号	空气流量/(m³/h)	压降/mm H₂O				现象			
		浮阀	筛板（大）	筛板（小）	泡罩	浮阀	筛板（大）	筛板（小）	泡罩
1	6								
2	10								
3	14								
4	18								
5	22								
6	26								
7	30								
8	34								
9	40								

2. 绘制不同塔板、不同液体流量下的压降曲线。

3. 对实验现象或发现的问题进行讨论分析。

六、思考题

1. 什么是液泛？当发生液泛时，应采取哪些措施进行调节？

2. 什么是漏液？应采用哪些措施改善塔板的漏液情况？

3. 什么是雾沫夹带？如何改善？

4. 什么是液面落差？它与塔板结构是否有关？为什么？

实验十五　流化床干燥实验

一、实验目的

1. 了解流化床干燥装置的基本结构、工艺流程和操作方法。

2. 学习测定物料在恒定干燥条件下干燥特性的实验方法。

3. 掌握根据实验干燥曲线求取干燥速率曲线以及恒速阶段干燥速率、临界含水量、平衡含水量的实验分析方法。

4. 实验研究干燥条件对于干燥过程特性的影响。

二、基本原理

在设计干燥器的尺寸或确定干燥器的生产能力时，被干燥物料在给定干燥条件下的干燥速率、临界湿含量和平衡湿含量等干燥特性数据是最基本的技术依据参数。由于实际生产中被干燥物料的性质千变万化，因此对于大多数具体的被干燥物料而言，其干燥特性数据常常需要通过实验测定而取得。

按干燥过程中空气状态参数是否变化，可将干燥过程分为恒定干燥条件操作和非恒定干燥条件操作两大类。若用大量空气干燥少量物料，则可以认为湿空气在干燥过程中温度、湿度均不变，再加上气流速度以及气流与物料的接触方式不变，则称这种操作为恒定干燥条件下的干燥操作。

(1) 干燥速率的定义

干燥速率定义为单位干燥面积（提供湿分汽化的面积）、单位时间内所除去的湿分质量，即：

$$U = \frac{dW}{A d\tau} = -\frac{G_C dX}{A d\tau} [kg/(m^2 \cdot s)] \tag{3-96}$$

式中　U——干燥速率，又称干燥通量，$kg/(m^2 \cdot s)$；

　　　A——干燥表面积，m^2；

　　　W——汽化的湿分量，kg；

　　　τ——干燥时间，s；

　　G_C——绝干物料的质量，kg；

　　　X——物料湿含量，kg 湿分/kg 绝干物料，负号表示 X 随干燥时间的增加而减少。

(2) 干燥速率的测定方法

① 利用床层的压降来测定干燥过程的失水量。

将 $0.5\sim1kg$ 的湿物料（如取 $0.5\sim1kg$ 的吸水硅胶）放入 $60\sim70℃$ 的热水中泡 $30min$，取出，并用干毛巾吸干表面水分，待用。

② 开启风机，调节风量至 $40\sim60m^3/h$，打开加热器加热。待热风温度恒定后（通常可设定在 $70\sim80℃$），将湿物料加入流化床中，开始计时，此时床层的压差将随时间减小，实验至床层压差（Δp_e）恒定为止。则物料中瞬间含水率 X_i 为

$$X_i = \frac{\Delta p - \Delta p_e}{\Delta p_e} \tag{3-97}$$

式中　Δp——τ 时刻床层的压差。

计算出每一时刻的瞬间含水率 X_i，然后将 X_i 对干燥时间 τ_i 作图，如图 3-30 所示，即为干燥曲线。

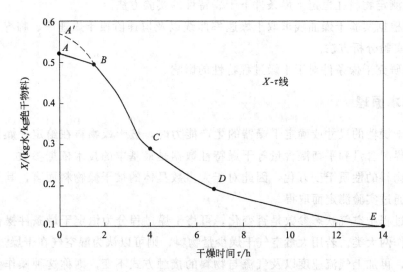

图 3-30　恒定干燥条件下的干燥曲线

上述干燥曲线还可以变换得到干燥速率曲线。由已测得的干燥曲线求出不同 X_i 下的斜率 $dX_i/d\tau_i$，再由式(3-96)计算得到干燥速率 U，将 U 对 X 作图，就是干燥速率曲线，如图 3-31 所示。

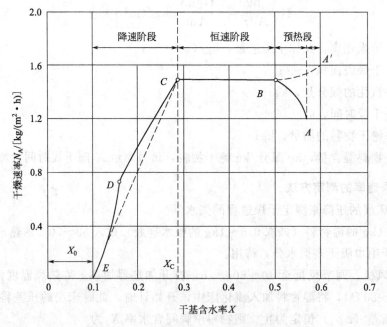

图 3-31　恒定干燥条件下的干燥速率曲线

将床层的温度对时间作图，可得床层的温度与干燥时间的关系曲线。

(3) 干燥过程分析

预热段：见图 3-30、图 3-31 中的 AB 段或 $A'B$ 段。物料在预热段中，含水率略有下降，温度则升至湿球温度 t_W，干燥速率可能呈上升趋势变化，也可能呈下降趋势变化。预热段经历的时间很短，通常在干燥计算中忽略不计，有些干燥过程甚至没有预热段。

恒速阶段：见图 3-30、图 3-31 中的 BC 段。该段物料水分不断汽化，含水率不断下降。但由于这一阶段去除的是物料表面附着的非结合水分，水分去除的机理与纯水的相同，故在恒定干燥条件下，物料表面始终保持为湿球温度 t_W，传质推动力保持不变，因而干燥速率也不变。于是，在图 3-31 中，BC 段为水平线。

只要物料表面保持足够湿润，物料的干燥过程中总处于恒速阶段。而该段的干燥速率大小取决于物料表面水分的汽化速率，亦即决定于物料外部的空气干燥条件，故该阶段又称为表面汽化控制阶段。

降速阶段：随着干燥过程的进行，物料内部水分移动到表面的速度赶不上表面水分的汽化速率，物料表面局部出现"干区"，尽管这时物料其余表面的平衡蒸汽压力仍与纯水的饱和蒸汽压力相同，但以物料全部外表面计算的干燥速率因"干区"的出现而降低，此时物料中的含水率称为临界含水率，用 X_C 表示，对应图 3-31 中的 C 点，称为临界点。过 C 点以后，干燥速率逐渐降低至 D 点，CD 阶段称为降速第一阶段。

干燥到点 D 时，物料全部表面都成为干区，汽化面逐渐向物料内部移动，汽化所需的热量必须通过已被干燥的固体层才能传递到汽化面；从物料中汽化的水分也必须通过这一干燥层才能传递到空气主流中。干燥速率因热、质传递的途径加长而下降。此外，在点 D 以后，物料中的非结合水分已被除尽。接下去所汽化的是各种形式的结合水，因而，平衡蒸汽压力将逐渐下降，传质推动力减小，干燥速率也随之较快降低，直至到达点 E 时，速率降为零。这一阶段称为降速第二阶段。

降速阶段干燥速率曲线的形状随物料内部的结构而异，不一定都呈现前面所述的曲线 CDE 形状。对于某些多孔性物料，可能降速两个阶段的界限不是很明显，曲线好像只有 CD 段；对于某些无孔性吸水物料，汽化只在表面进行，干燥速率取决于固体内部水分的扩散速率，故降速阶段只有类似 DE 段的曲线。

与恒速阶段相比，降速阶段从物料中除去的水分量相对少许多，但所需的干燥时间却长得多。总之，降速阶段的干燥速率取决于物料本身结构、形状和尺寸，而与干燥介质状况关系不大，故降速阶段又称物料内部迁移控制阶段。

三、实验装置与流程

(1) 流程示意图

本实验装置如图 3-32 所示。

(2) 主要设备及仪器

风机：220V AC，550W，最大风量 95m³/h，550W；

电加热器：额定功率 2.0kW；

干燥室：ϕ100mm×750mm；

干燥物料：湿绿豆或耐水硅胶。

四、实验步骤

(1) 实验内容

① 开启风机。

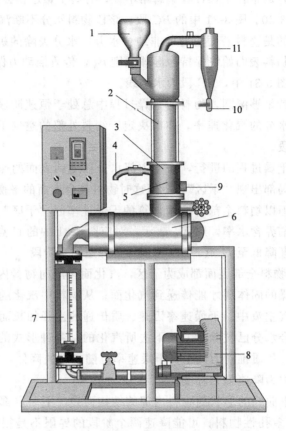

图 3-32　流化床干燥实验装置流程示意图

1—加料斗；2—床层（可视部分）；3—床层测温点；4—取样口；5—出加热器热风测温点；
6—电加热器；7—转子流量计；8—风机；9—出风口；10—排灰口；11—旋风分离器

② 打开仪表控制柜电源开关，加热器通电加热，床层进口温度要求恒定在 70～80℃左右。

③ 将准备好的耐水硅胶加入流化床进行实验。

④ 每隔 4min 取样 5～10g 左右分析，同时记录床层温度。

⑤ 待耐水硅胶恒重时，即为实验终了，关闭仪表电源。

⑥ 关闭加热电源。

⑦ 关闭风机，切断总电源，清理实验设备。

(2) 操作注意事项

必须先开风机，后开加热器，否则加热管可能会被烧坏，破坏实验装置。

五、实验报告

1. 绘制干燥曲线（失水量-时间关系曲线）；

2. 根据干燥曲线作干燥速率曲线；

3. 读取物料的临界湿含量；

4. 绘制床层温度随时间变化的关系曲线；

5. 对实验结果进行分析讨论。

六、思考题

1. 什么是恒定干燥条件？本实验装置中采用了哪些措施来保持干燥过程在恒定干燥条件下进行？

2. 控制恒速干燥阶段速率的因素是什么？控制降速干燥阶段干燥速率的因素又是什么？

3. 为什么要先启动风机，再启动加热器？实验过程中床层温度是如何变化？为什么？如何判断实验已经结束？

4. 若加大热空气流量，干燥速率曲线有何变化？恒速干燥速率、临界湿含量又如何变化？为什么？

实验十六　管路拆装实验

一、实验目的

1. 熟悉化工管路拆装常用工具及正确使用方法。

2. 认识化工管路的构成（管件、阀门的种类、规格）及拆装方法。

3. 认识化工管道的安装特点，能够根据管路布置图正确安装化工管路，并能对安装的管路进行试压及安全检查等操作。

4. 了解并掌握流量计、压力表、真空表的结构和使用方法；完成离心泵的启动、试车、流量调节、异常现象的处理及停车等操作。

二、基本原理

管路系统是工业生产过程中不可或缺的部分，它将各种设备和车间之间连接起来以输送各种流体。管路由管子、各种管件、阀门等组成。管路连接是根据相关标准和图纸要求，将管子与管子或管子与管件、管子与阀门等连接起来，以形成一个严密的整体从而达到输送各种流体的目的。

（1）常用管件的种类及用途

管件主要用来连接管子，以达到延长管路、改变流向、分流及合流、密封及支撑等目的。常用管件按用途分类主要如下：

① 用以延长管路或连接设备的管件，如法兰、活接管、管箍、卡套、喉箍等；

② 用以改变管子方向的管件，如弯头（90º弯头、45º弯头、回弯头等）、弯管；

③ 用以分流及合流的管件，如三通管、四通管、十字管等；

④ 用以改变管径的管件，如变径管（异径管）、异径弯头、支管台、补强管等；

⑤ 用以管路密封的管件，如法兰盲板、管堵、封头、焊接堵头等，另还有垫片、生料带、线麻等；

⑥ 用以管路支撑和固定的管件，如卡环、拖钩、吊环、支架、托架、管卡等。

(2) 常用的管路元器件

① 用以管路控制的管道阀门，如球阀、闸阀、截止阀、单向阀、安全阀等。

② 用以管路检测的元件，如流量计、压力表、温度计、液位计等。

(3) 管道连接方式

管子之间、管子与管件、阀门之间的连接方式很多，化工管路中最常见的连接方法有螺纹连接、法兰连接、焊接、承插连接、胀管连接等连接方式。本实验装置的管路主要采用螺纹连接、法兰连接和焊接连接。

① 螺纹连接　主要适用于镀锌焊接的钢管，它是通过管子上的外螺纹和管件上的内螺纹拧在一起而实现的可拆卸接头。焊接钢管采用螺纹连接时，使用的牙型角为55°。管螺纹有圆锥管螺纹和圆柱管螺纹两种，管道多采用圆锥形外螺纹，管箍、阀件、管件等多采用圆柱形内螺纹。此外，为了增加管子螺纹接口的严密性和维修时不致因螺纹锈蚀造成不易拆卸，螺纹处一般要加填料。

② 法兰连接　通过连接法兰及紧固螺栓、螺母、压紧法兰中间的垫片而使管道连接起来的一种方法，具有强度高、密封性能好、适用范围广、拆卸安装方便的优点，但工艺复杂、材料消耗大、接头笨重。这种连接主要用于铸铁管、衬胶管、非铁金属管和法兰阀门等的连接，以及工艺设备与法兰的连接。

③ 焊接连接　即将管子直接焊接，构造和施工简单、材料消耗少、接头重量轻、管路美观整齐、接口严密，但不可拆卸、接头组织与性能变化大。

(4) 管路和管道元器件安装方法

① 管路安装　管路的安装应确保横平竖直，水平管其偏差不大于15mm/10mm，但其全长不能大于50mm，垂直管偏差不能大于10mm。

② 法兰接合　法兰安装要做到对得正、不反口、不错口、不张口，每对法兰的平行度、同心度应符合要求。安装前应对法兰、螺栓、垫片进行外观、尺寸材质等检查。未加垫片前，将法兰密封面清理干净，其表面不得有沟纹，且垫片位置要放正。紧固法兰时要做到：拧紧螺栓时应对称成十字交叉进行，以保证垫片各处受力均匀；拧紧后的螺栓露出丝扣的长度不应大于螺栓直径的一半，大约露出2～4扣螺纹（约2～4mm）。法兰与法兰对接连接时，密封面应保持平行，法兰与管子组装时应注意法兰的垂直度。为便于安装和拆卸，法兰平面距支架和墙面的距离不应小于200mm。当管道的工作温度高于100℃时，螺栓表面应涂一层石墨粉和机油的调和物，以便于操作。当管道需要封堵时，可采用法兰盖，且法兰盖的类型、结构、尺寸及材料应和所配用的法兰相一致。

③ 螺纹接合　螺纹接合时管路端部应加工外螺纹，利用螺纹与管箍、管件和活管接头配合固定。其密封则主要依靠锥管螺纹的咬合和在螺纹之间添加密封材料来达到。常用的密封材料是白漆加麻丝或四氟膜，缠绕在螺纹表面，然后将螺纹配合拧紧。

④ 阀门安装　阀门安装时应把阀门清理干净，关闭好再进行安装。单向阀、截止阀及调节阀安装时应注意介质流向，安装时应注意阀的手轮要便于操作。

⑤ 泵的安装　泵的管路安装原则是保证良好的吸入条件与方便检修。泵的吸入管路要短而直，阻力小，安装标高要保证足够的吸入压头，避免"汽蚀"和产生积液。泵的上方

不要布置管路便于泵的检修。

⑥ 水压试验　管路安装完毕后，应作强度与密封性试验，检查是否有漏气或漏液现象。管路的操作压力不同，输送的物料不同，试验的要求也不同。当管路系统是进行水压试验时，试验压力（表压）约为 0.3MPa，在试验压力下维持 5min，未发现渗漏现象，则水压试验即为合格。

三、实验装置

管路拆装实验装置示意图见图 3-33，管路拆装装置主要技术参数如下：

离心泵：型号 IH 50-32-125；

流量测量：转子流量计，量程 400～4000L/h；

泵入口真空度测量：真空表表盘直径 100mm，测量范围 −0.1～0MPa；

泵出口压力的测量：压力表表盘直径 100mm，测量范围 0～0.6MPa；

安全阀：型号 A27H-10，额定压力 0.8MPa。

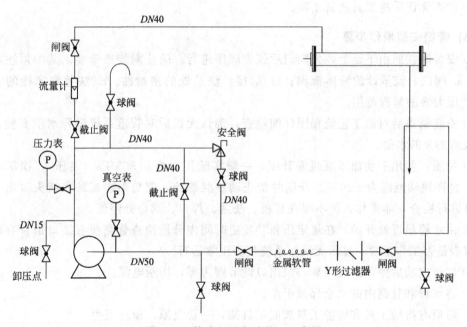

图 3-33　管路拆装实验装置示意图

四、实验步骤

（1）准备工作

① 实验操作人员进入实训车间后必须穿好防护服，佩戴好手套、安全帽等防护工具。识读工艺流程图：主要熟悉物料介质的工艺流程、设备的数量、名称和设备位号，所有管线的管段号、物料介质、管道规格、管道材料，管件、阀件及控制点（测压点、测温点、流量、分析点）的部位和名称及自动控制系统，与工艺设备有关的辅助物料水、气的使用情况。以便在管路安装和工艺操作实践中，做到心中有数。

② 工艺流程图绘制：工艺流程图一般按工艺装置的主项（工段或工序）为单元绘制，

流程简单的可以画成一张总工艺流程图，绘制方法可按化工制图要求进行。工艺管道及仪表流程图包括：a. 工艺设备一览表的所有设备（机器）；b. 所有的工艺管道，如阀门、管件、管道附件等，并标注出所有的管段号及管径、管材、保温情况等；c. 标注出所有的检测仪表、调节控制系统；d. 对成套设备或机组在带控制点工艺流程图中以双点划线框图表示制造厂的供货范围，仅注明外围与之配套的设备、管线的衔接关系。

③ 根据流体输送流程简图，准备所需的工具和易耗品。

（2）管路拆卸操作步骤

① 将系统电源切断，确保不带电。打开排空阀，将管路内的积液排空，并检查阀门是否处于关闭状态。

② 按照由上到下的顺序将管路器件拆下，其中须注意以下几点：a. 拆卸时要注意安全，通过团队合作完成任务；b. 拆卸顺序一般是由上至下、先简单后复杂、先自由端后约束端；c. 拆卸时不能损坏管件、阀门和仪表等器件。

③ 拆下来的管子、管件、仪表、螺栓要分类放置好，以便于后续安装。

④ 检查无误后将工具放置正确。

（3）管路安装操作步骤

① 安装时按照由下至上，先阀门后仪表顺序进行，防止漏装或错装，其中须注意以下几点：a. 阀门、流量计的液体流向；b. 活接、法兰处的密封性；c. 法兰和螺栓的安装规则；d. 压力表的量程范围。

② 安装结束后对照工艺流程图仔细检查，确认无误后对管道系统进行水压实验，将水箱注入约 2/3 的水量。

③ 加压：使用手动加压泵缓慢升压，一般实验压力为 0.35MPa（表压），稳压时间为 5min，允许波动范围为 ±20%。升压时禁止动法兰螺栓，避免敲击或站在堵头对面，稳压后方可进行检查，非操作人员不得在盲板、法兰、焊口、丝口处停留。

④ 由水箱最近处开始，在规定压强和规定时间内分段检查管路所有接口是否有渗漏现象，仪表是否工作正常、显示无误，系统是否正常运行。

⑤ 试压成功后停车，关闭离心泵出口调节阀为零，切断电源。

⑥ 将水箱和管路内的水全部放干净。

⑦ 将所有拆装工具和防护工具放回工具架，一切复原，清理卫生。

（4）操作注意事项

① 安装和拆卸过程中注意安全防护，避免出现安全事故。拆卸和安装前一定要确认断电状态，方可操作。

② 拆装过程中注意手上的工具和管件，不要碰到他人，不要掉落砸伤自己或他人。

③ 试压操作前，一定关闭泵进口真空表的阀门，以免损坏真空表。

④ 本装置所使用压力表为 0~0.6MPa，加压时不要超过 0.4MPa，以防损坏压力表。

⑤ 不锈钢泵铭牌转速为 2900r/min，为泵的额定工况点参数的换算值，电机铭牌转速 2850r/min 的为电机的额定转速，电机的实际转速会随着泵的使用参数不同而改变，故两个铭牌的标牌是不同的。

⑥ 操作中，安装工具要使用合适、恰当。

五、实验报告

1. 根据管路布置简图，采用法兰连接或螺纹连接方式安装化工管路，并对安装好的管路进行试压操作。

2. 了解并掌握流量计、压力表、真空表的结构和使用方法；完成离心泵的启动、试车、流量调节、异常现象的处理及停车等操作。

3. 画出管路拆装的简图。

4. 列表归纳本实验涉及各种管件、阀门的功能、用途和优缺点；列出本实验使用工具清单并说明用途。

六、思考题

1. 管路拆装时要注意哪些问题？

2. 讨论分析实验心得体会，有何收获？

第四章 | 化工专业实验

实验一 二氧化碳临界状态观测及 p-V-T 测定实验

一、实验目的

1. 了解 CO_2 临界状态的观测方法。
2. 观察凝结、汽化和饱和状态等相变现象。
3. 掌握 CO_2 的 p-V-T 关系的测定方法。
4. 学会活塞式压力计和恒温器等热工仪器的正确使用方法。
5. 测定 CO_2 的 p_c、v_c 和 t_c 等临界参数。

二、基本原理

对于处于真空状态下的气体，因分子间相互引力的作用，若在实验过程中将气体温度降到一定程度后，真空气体将会出现液化现象。如果对真空气体的 p-V-T 行为作完整的测定，就能进一步表现出真空气体的液化过程及另一重要的物理性质——临界点。图 4-1 所示的正是以 CO_2 为例所测的 p-v 标准曲线图，该标准曲线图可以用于分析真空气体的性质。对于理想气体，p-V_m 图上的恒温线应为 "$pV_m = RT =$ 常数" 的曲线，不同温度只是对应的常数不同而已。然而，对于真空气体，恒温线一般分为三种类型：即 $t > t_c$、$t = t_c$、$t < t_c$（t_c 为临界温度）。

对 CO_2 气体来说，恒温线分类的温度界线是 31.1℃。对简单可压缩系统，当介质处于平衡状态时，其状态分布函数 p 与 V 之间有如下关系：$F(p、v、t) = 0$ 或 $t = (p、v)$。

本实验就是根据上式，采用定温方法来测定 CO_2 的 p-V-T 关系，从而找出 CO_2 的 p-V-T 关系。在实验中，压力台油缸送来的压力由压力油传入高压容器和承压玻璃杯上半部，迫使水银进入预先冲入 CO_2 气体的承压力玻璃管容器内，CO_2 气体在压力传送过程中被压缩，其压力大小通过调节手动油压机的转盘来控制。实验温度由恒温水浴器供给的水套里的水温来调节。实验工质 CO_2 的压力值 p，由装在压力台上的压力表读出。温度 T 由插在恒温水套中的温度计读出。比容 v 首先由承压玻璃管内 CO_2 柱的高度来测量，而后根据承压玻璃管内径截面不变等条件来换算得出，具体的原理及步骤详细描述如下。

由于不便测定承压玻璃管内 CO_2 质量，而承压玻璃管内径或截面积（A）又不易测准，因而实验中采用间接方法来确定 CO_2 的比容，一般认为 CO_2 的比容 v 与其高度呈一种线性相关关系。具体确定方法如下：

① 已知 CO_2 液体在 20℃、9.8MPa 时的比容 v(20℃、9.8MPa) $= 0.00117 \text{m}^3 \cdot \text{kg}$。

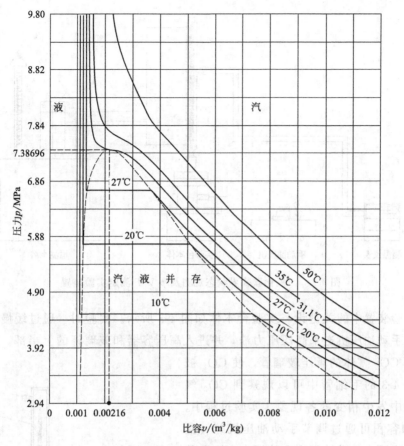

图 4-1　CO_2 的 p-v 标准曲线图

② 实际测定实验台在 20℃、9.8MPa 时的 CO_2 液柱高度 Δh_o（该温度、压力下水银柱高度减去承压玻璃管内径顶端刻度，单位为 m）。

③ 因为

$$v(20℃, 9.8MPa) = \frac{\Delta h_o A}{m} = 0.00117 \text{m}^3/\text{kg} \tag{4-1}$$

所以

$$\frac{m}{A} = \frac{\Delta h_o}{0.00117} = k(\text{kg/m}^2) \tag{4-2}$$

式中　k——即为承压玻璃管内 CO_2 的质面比常数。

根据 CO_2 液体在 20℃，9.8MPa 时的比容可以算出质面比常数 k。所以，任意温度、压力下 CO_2 的比容为：

$$v = \frac{\Delta h}{m/A} = \frac{\Delta h}{k}(\text{m}^3/\text{kg}) \tag{4-3}$$

$$\Delta h = h - h_o \tag{4-4}$$

式中　h——任意温度、压力下水银柱高度；

h_o——承压玻璃管内径顶端刻度。

三、实验装置与流程

整个实验装置由手动油压机、恒温器和实验台本体及其防护罩三大部分组成（图 4-2）。

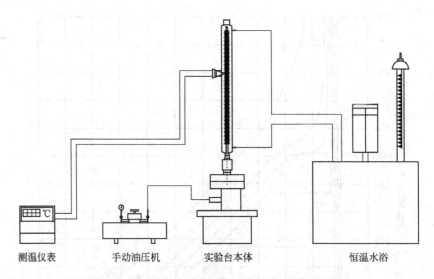

测温仪表　　　手动油压机　　　实验台本体　　　恒温水浴

图 4-2　二氧化碳临界状态观测及 p-V-T 测定实验装置

　　整个实验装置中的关键设备实验台本体如图 4-3 所示。实验时，通过缓慢转动转盘提高压力驱使手动油压机送来高压压力油，并进入高压容器和玻璃杯的上半部。压迫水银进入预先装有 CO_2 气体的承压玻璃管，使 CO_2 被压缩，在图 4-3 的毛细管中可以观察到 CO_2 气体在该过程中发生相变的各现象。实验过程中，CO_2 压力和容积可通过调节手动油压机的转盘来控制（压力可由手动油压机上的压力表读取并记录），温度由恒温水浴器供给的水套里的水温来调节（温度可由恒温水浴器内的温度计读取并记录）。

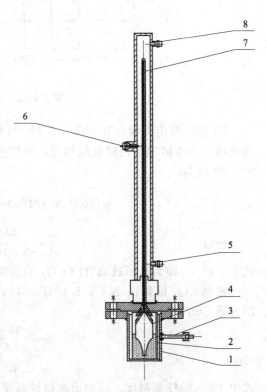

四、实验步骤

(1) 实验准备

① 按图 4-2 所示的装置示意图连接好实验设备，并开启实验台本体上的日光灯（目的是易于观察）。

② 恒温器准备及温度调节，具体方法如下：

a. 把实验用水注入恒温器内，水位高度控制在离盖 30～50mm 处。检查无误后接通电路，启动水泵，使水循环对流。

b. 把温度调节仪波段开关拨向调节位置，调节温度旋扭设置所要设定的温度，再将温度调节仪波段开关拨向显示位置。

c. 根据水温情况，合理调节恒温器开、关

图 4-3　实验台本体示意图

1—高压容器；2—水银；3—压力油进口；4—二氧化碳容器；5—恒温水入口；6—恒温水套测温点；7—二氧化碳毛细管；8—恒温水出口

加热器，当水温未达到要调定的温度时，恒温器指示灯是亮的，当指示灯时亮时灭闪动时，说明温度已达到所需要的恒温。

d. 观察温度，读取的温度点与设定的温度一致时（或基本一致时），则可认为承压玻璃管内的 CO_2 的温度处于设定的温度。

e. 当需要降低实验温度时，应加冰进行调节降温。

③ 加压前的准备。

因为压力台的油缸容量比容器容量小，需要多次从油杯里抽油，再向主容器管内充油，充油的操作过程非常重要，若操作失误，不但无法增加体系压力，还会造成实验设备损坏。所以，充油操作务必认真掌握，其步骤如下：

a. 关压力表及其进入本体油路的两个阀门，开启压力台油杯上的进油阀。

b. 摇退压力台上的活塞螺杆，直至螺杆全部退出。这时，压力台油缸中抽满了油。

c. 先关闭油杯阀门，然后开启压力表和进入本体油路的两个阀门。

d. 摇进活塞螺杆，使本体充油。如此交复，直至压力表上有压力读数为止。

e. 再次检查油杯阀门是否关好，压力表及本体油路阀门是否开启。若均已调定后，即可进行实验。

(2) 实验过程

① 测定低于临界温度 $t=20℃$ 时的等温线。

将恒温器调定在 $t=20℃$，并保持恒温。压力从 4.41MPa 开始，当玻璃管内水银柱升高后，应尽量缓慢地摇进活塞螺杆，以保证等温条件。否则，压力来不及达到充分平衡，使 h 值无法准确读取。按照适当的压力间隔（建议间隔为 0.5MPa）在压力台上读取和记录 h 值，直至压力 $p=9.8MPa$。注意加压后 CO_2 的变化，特别是注意压力和饱和温度之间的对应关系以及液化、汽化等现象。要将测得的实验数据及观察到的现象一并填入表 4-1 内。

② 分别测定 $t=25℃$ 和 27℃ 时饱和温度与饱和压力的对应关系。

③ 测定临界温度 $t=31.1℃$ 时的等温线和临界参数，并观察临界现象。

按实验过程①方法和步骤测出临界温度 $t=31.1℃$ 时的临界等温线，并在该曲线的拐点处找出临界压力 p_c 和临界比容 v_c，并将数据填入表 4-2 内。

④ 按实验过程①方法和步骤，测定高于临界温度 $t=50℃$ 时的等温线。将数据填入原始记录表 4-1。

⑤ 观察现象的方法。

a. 整体相变现象。由于在临界点时，汽化潜热等于零，饱和汽线和饱和流线合于一点，所以这时汽、液的相互转变不会像临界温度以下时那样出现逐渐积累，需要一定的时间，表现为渐变过程，而这时当压力稍微发生变化时，汽、液是以突变的形式相互转化。

b. 汽、液两相模糊不清的现象。处于临界点的 CO_2 具有共同参数（p、V、T），因而不能区别此时 CO_2 是气态还是液态。如果说它是气体，那么，这个气体是接近液态的气体；如果说它是液体，那么，这个液体又是接近气态的液体。下面就通过实验方法证明这个结论。因为这时处于临界温度下，如果按等温线过程进行，使 CO_2 压缩或膨胀，那么，管内是什么也看不到的。现在，我们按绝热过程来进行。首先在压力等于 7MPa 附近突然降压，CO_2 状态点由等温线沿绝热线降到液区，管内 CO_2 出现明显的液面。这就是说，如果这时管内的 CO_2 是气体的话，那么，这种气体离液区很接近，可以说是接近液态的气体；当在膨胀之后，突然压缩 CO_2 时，这个液面又立即消失了。这就说明，这时 CO_2 液体离气区也是非常接近的，可以说是接近气态的液体。既然，此时的 CO_2 既接近气态，又接近液态，所以处于临界点附近。

(3) 操作注意事项

① 做好实验的原始记录，如设备数据记录（仪器、仪表名称、型号、规格、量程等）和常规数据（室温、大气压、实验环境情况等）。

② 最高温度不要超过 $60℃$，最高压力不要超过 $9.8MPa$。

③ 不要在气体被压缩的情况下打开油杯阀门，这样会致使 CO_2 突然膨胀而逸出玻璃管外，而且水银也会被冲出玻璃杯。因此在卸压时应该使活塞杆缓慢退出，压力逐渐下降。

④ 为保证 CO_2 的定温压缩和定温膨胀，除了要保证流过水套的水温恒定以外，还要保证在加压或减压过程必须足够缓慢，以免玻璃管内的 CO_2 温度偏离管外的恒定温度。

⑤ 如果在玻璃管外或水套内壁附有小气泡妨碍观测气液相变现象，可以对水套采用放水及充水的办法将壁上的气泡冲掉。

⑥ 尽量不要挪动实验台本体。如果必须挪动时，应要平移平放，以免玻璃杯内的水银倾入压力容器。

⑦ 玻璃管内 CO_2 读数不是从零开始，注意测量时读数从玻璃管顶部算起。

五、实验数据处理

1. 根据 $20℃$、$9.8MPa$ 的实测数据和已知的该温度、压力条件下的比容值计算 CO_2 的质面比常数 k：

$$\frac{m}{A} = \frac{\Delta h_0}{0.00117} = k \, (\text{kg/m}^2) \tag{4-5}$$

再将 k 带入到下式中计算出各压力下的比容：

$$v = \frac{\Delta h}{m/A} = \frac{\Delta h}{k} \, (\text{m}^3/\text{kg}) \tag{4-6}$$

2. 将测得的压力 p 与计算出的比容 v 整理成表，并在 p-v 图上做出等温线。

实验原始记录表及不同状态方程下的临界比容 v_c 见表 4-1、表 4-2。

表 4-1　CO_2 等温实验原始记录表

$t=20℃$				$t=31.1℃$（临界）				$t=50℃$			
p/MPa	Δh	$v=\Delta h/k$	现象	p/MPa	Δh	$v=\Delta h/k$	现象	p/MPa	Δh	$v=\Delta h/k$	现象

表 4-2　不同状态方程下临界比容 v_c　　　　　　　　　　单位：m^3/kg

标准值	实验值	理想状态方程下的计算值	范德瓦尔斯方程下的计算值
0.00216			

注：理想状态方程下的计算值 $v_c' = Rt_c/p_c$；范德瓦尔斯方程下的计算值 $v_c'' = v_c' \cdot z_c$，$z_c = 3/8$。

六、思考题

1. 测定 CO_2 的 $p\text{-}V\text{-}T$ 关系。在 $p\text{-}v$ 坐标系中给出低于临界温度（$t=20℃$）、临界温度（$t=31.1℃$）和高于临界温度（$t=50℃$）的三条等温曲线，并与标准实验曲线及理论计算值相比较，分析其差异原因。

2. 测定 CO_2 在低于临界温度（$t=20℃$ 和 $27℃$），饱和温度 t_s 和饱和压力 p_s 之间的对应关系，并与图 4-4 中 $t_s\text{-}p_s$ 曲线比较。

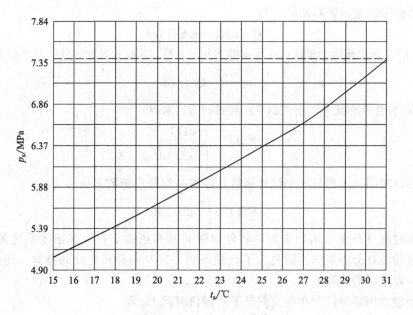

图 4-4　CO_2 的 $t_s\text{-}p_s$ 曲线

3. 测定 CO_2 的 p_c、v_c、t_c 等临界参数，并将实验所得的 v_c 值与表 4-2 中列出的理想气体状态方程和范德瓦耳斯方程的理论值相比较，简述其差异原因。

实验二　单釜及多釜串联反应器停留时间分布测定实验

一、实验目的

1. 通过实验了解利用电导率测定停留时间分布的基本原理和实验方法。
2. 掌握停留时间分布的统计特征值的计算方法。
3. 学会用理想反应器串联模型来描述实验系统的流动特性。
4. 了解微机系统数据采集的方法。
5. 根据单个釜的流动特性推测多釜串联的理论流动特性，并与实际测量值进行比较。

二、基本原理

本实验反应器停留时间分布测定所采用的方法主要是示踪响应法。它的实验原理是：在反应器入口通过电磁阀控制的方式加入一定量的示踪剂 KNO_3 溶液，通过电导率仪测量反应器出口处水溶液电导率的变化，间接地描述反应器流体的停留时间。常用的示踪剂加入方式有脉冲输入、阶跃输入和周期输入等。本实验选用的示踪剂加入方式是脉冲输入。

脉冲输入法是在较短的时间内（通常为 $0.1 \sim 1.0s$），向设备内一次性注入一定量的示踪剂，加入示踪剂的同时开始计时并不断分析出口示踪物料的浓度 $c(t)$ 随时间的变化情况。由概率论知识可知，概率分布密度函数 $E(t)$ 就是系统的停留时间分布密度函数。因此，$E(t)dt$ 就代表了流体粒子在反应器内停留时间介于 t-dt 间的概率。

在反应器出口处测得的示踪计浓度 $c(t)$ 与时间 t 的关系曲线被称为响应曲线。由响应曲线可以计算出 $E(t)$ 与时间 t 的关系，根据两者的关系绘出 $E(t)$-t 关系曲线。计算方法是对反应器作示踪剂的物料衡算，即

$$Qc(t)dt = mE(t)dt \tag{4-7}$$

式中，Q 表示主流体的流量；m 为示踪剂的加入量，示踪剂的加入量可以根据下式计算

$$m = \int_0^\infty Qc(t)dt \tag{4-8}$$

在 Q 值不变的情况下，由式(4-7)和式(4-8)求出

$$E(t) = \frac{c(t)}{\int_0^\infty c(t)dt} \tag{4-9}$$

关于停留时间分布的另一个统计函数是停留时间分布函数 $F(t)$，即

$$F(t) = \int_0^\infty E(t)dt \tag{4-10}$$

用停留时间分布密度函数 $E(t)$ 和停留时间分布函数 $F(t)$ 来描述系统的停留时间，给出了很好的统计分布规律。但是为了比较不同停留时间分布之间的差异，还需引进两个统计特征，即数学期望和方差。

数学期望对停留时间分布而言就是平均停留时间 $\bar{t}$，即

$$\bar{t} = \frac{\int_0^\infty tE(t)dt}{\int_0^\infty E(t)dt} = \int_0^\infty tE(t)dt = \frac{\sum tE(t)}{\sum E(t)} \tag{4-11}$$

方差是和理想反应器模型关系密切的参数。它的定义是：

$$\sigma_t^2 = \int_0^\infty t^2 E(t)dt - \overline{t^2} \tag{4-12}$$

对活塞流反应器 $\sigma_t^2 = 0$；而对全混流反应器 $\sigma_t^2 = \overline{t^2}$；

非理想反应器的 σ_t^2 介于 0 与 $\overline{t^2}$ 之间，可以由此计算出该反应器的多釜串联模型的模型参数 N（釜数）。

$$N = \frac{\overline{t^2}}{\sigma_t^2} \tag{4-13}$$

当 N 为整数时，代表该非理想流动反应器可用 N 个等体积的全混流反应器的串联来建立模型。当 N 为非整数时，可以用四舍五入的方法近似处理也可以用不等体积的全混流反

应器串联模型。

三、实验装置与流程

(1) 实验装置

反应器为有机玻璃制成的搅拌釜。其有效容积为 1000mL。搅拌方式为叶轮搅拌。流程中配有三个上述相同的搅拌釜。示踪剂是通过一个电磁阀瞬时注入反应器。示踪剂 KNO_3 在不同时刻浓度 $c(t)$ 的检测通过电导率仪完成，其数据采集原理方框图如图 4-5 所示。

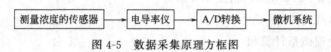

图 4-5 数据采集原理方框图

电导率仪的传感器件为铂电极，当含有 KNO_3 的水溶液通过安装在釜内液相出口处铂电极时，电导率仪将浓度 $c(t)$ 转化为毫伏级的直流电压信号，该信号经放大器与 A/D(模/数) 转换处理后，由模拟信号转换为数字信号。该代表浓度 $c(t)$ 的数字信号在微机内用预先输入的程序进行数据处理并计算出每釜平均停留时间和方差以及模型参数 N 后，由打印机输出。

实验装置如图 4-6 所示。

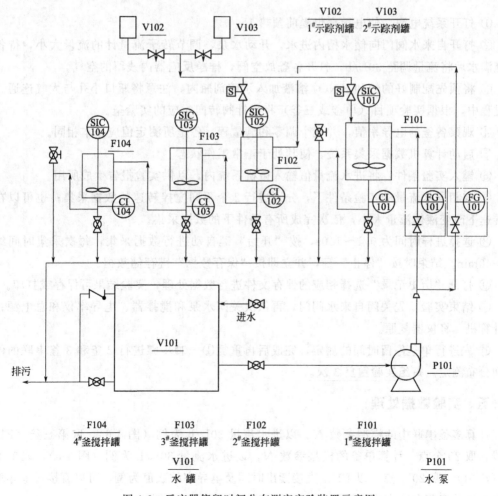

图 4-6 反应器停留时间分布测定实验装置示意图

(2) 实验仪器

反应器为有机玻璃制成的搅拌釜（1000mL）	3 个
D-7401 型电动搅拌器	3 个
DDS-11C 型电导率仪	3 个
LZB 型转子流量计（$DN=10mm$，$L=10\sim100L/h$）	1 个
DF2-3 型电磁阀（$PN=0.8MPa$，220V）	1 个
压力表（量程 $0\sim1.6MPa$，精度 1.5 级）	3 个
数据采集与 A/D 转换系统	1 套
控制与数据处理微型计算机	1 台
打印机	1 台

(3) 实验试剂

主流体	自来水
示踪剂	KNO_3 饱和溶液

四、实验步骤

① 打开系统电源，使电导率仪提前预热 1h。

② 打开自来水阀门向储水槽内进水，开动水泵，调节转子流量计的流量大小，待各釜内充满水后将流量调至 30L/h，打开各釜放空阀，排净反应器内残留的空气。

③ 将预先配制好的饱和 KNO_3 溶液加入示踪剂瓶内，注意将瓶口小孔与大气连通。实验过程中，根据实验项目（单釜或三釜）将指针阀转向对应的实验釜。

④ 观察各釜的电导率值，并逐个调零和满量程，各釜所测定值应基本相同。

⑤ 启动计算机数据采集系统，使其处于正常工作状态。

⑥ 键入实验条件：将进水流量值输入微机系统内，以供实验报告生成所用。

⑦ 在相同水流量的实验条件下，分别进行 2 个不同搅拌转速的数据采集；也可以在相同转速下改变液体流量大小，依次完成所有条件下的数据采集。

⑧ 选择进样时间为 $0.1\sim1.0s$，按"开始"键自动进行数据采集，每次采集时间约需 $35\sim40min$。结束时按"停止"键，并立即按"保存数据"键存储数据。

⑨ 打开"历史记录"选择相应的保存文件进行数据处理，实验结果可保存或打印。

⑩ 结束实验：先关闭自来水阀门，再依次关闭水泵和搅拌器、电导率仪和总电源；关闭计算机。将仪器复原。

⑪ 先进行单釜停留时间的测定，完成后再重复①～⑩步骤进行 2 釜和 3 釜串联的停留时间分布测定。**每组实验重复 3 次。**

五、实验数据处理

计算多釜串联中的模型参数 N，以进水流量 30L/h 为例（图 4-6），取第三釜（F104）曲线，取 20 个点。计算单釜的模型参数 N，以进水流量 30L/h 为例（图 4-6），取单釜曲线（F101），取 20 个点。以 F101 直接读出时间及电导率的数值为例，可以直接对电导率进行复化辛普森积分，求出平均停留时间和方差。数据处理示例如下。

用复化辛普森公式求积分

$$\int_0^\infty f(t)\mathrm{d}t = \frac{h}{6}\left[f(a) + 4\sum_{k=0}^{n-1} f(x_{k+\frac{1}{2}}) + 2\sum_{k=1}^{n-1} f(x_k) + f(b)\right] \tag{4-14}$$

式中　h——所记录数据的总时间；

　　　n——所要处理的数据个数；

　　　a——第一组数据；

　　　b——最后一组数据。

$$h = \frac{596}{10} = 59.6$$

$$n = 10$$

$$\int_0^\infty c(t)\mathrm{d}t = \frac{h}{6}\left[c_0 + 4\sum_{k=0}^{9} c_{k+\frac{1}{2}} + 2\sum_{k=1}^{9} c_k + c_{10}\right]$$

$= (59.6/6) \times [0.05 + 4 \times (0.192857 + 1.292857 + 1.735714 + 1.478571 + 1.05 +$

$\quad 0.692857 + 0.478571 + 0.292857 + 0.192857 + 0.121429) + 2 \times (0.692857 +$

$\quad 1.621429 + 1.65 + 1.221429 + 0.85 + 0.55 + 0.364286 + 0.264286 +$

$\quad 0.164286) + 0.05]$

$= 446.7162$

$$E(t) = \frac{c(t)}{\displaystyle\int_0^\infty c(t)\mathrm{d}t}$$

$$\bar{t} = \int_0^\infty tE(t)\mathrm{d}t = \frac{h}{6}\left[tE_0(t) + 4\sum_{k=0}^{9} tE_{k+\frac{1}{2}}(t) + 2\sum_{k=0}^{9} tE_k(t) + tE_{10}(t)\right]$$

$= (59.6/6) \times [0 + 4 \times (0.012865 + 0.258736 + 0.578939 + 0.690438 + 0.630400 + 0.508418 +$

$\quad 0.415025 + 0.293043 + 0.218710 + 0.153908) + 2 \times (0.092440 + 0.432656 + 0.660419 +$

$\quad 0.651843 + 0.567027 + 0.440280 + 0.340216 + 0.282084 + 0.197268) + 0.066709]$

$= 222.8752$

$$\int_0^\infty t^2 E(t)\mathrm{d}t = \frac{h}{6}\left[t^2 E_0(t) + 4\sum_{k=0}^{9} t^2 E_{k+\frac{1}{2}}(t) + 2\sum_{k=0}^{9} t^2 E_k(t) + t^2 E_{10}(t)\right]$$

$= (59.6/6) \times [0 + 4 \times (0.383386 + 23.130971 + 86.261903 + 144.025411 +$

$\quad 169.073358 + 166.659410 + 160.780710 + 130.990255 + 110.798558 +$

$\quad 87.142593) + 2 \times (5.509402 + 51.572571 + 118.082980 + 155.399301 +$

$\quad 168.973961 + 157.443973 + 141.938239 + 134.497739 +$

$\quad 105.814803) + 39.758579]$

$= 63923.0933$

$$\sigma_t^2 = \int_0^\infty t^2 E(t)\mathrm{d}t - \bar{t}^2 = 14249.73853$$

$$N = \frac{\bar{t}^2}{\sigma_t^2} = 3.48591$$

t/s	$c(t)$	$E(t)$	$tE(t)$	$t^2 E(t)$
0	0.05	0.000112	0	0
29.8	0.192857	0.000432	0.012865	0.383386

t/s	$c(t)$	$E(t)$	$tE(t)$	$t^2E(t)$
59.6	0.692857	0.001551	0.092440	5.509402
89.4	1.292857	0.002894	0.258736	23.130971
119.2	1.621429	0.003630	0.432656	51.572571
149	1.735714	0.003885	0.578939	86.261903
178.8	1.65	0.003694	0.660419	118.082980
208.6	1.478571	0.003310	0.690438	144.025411
238.4	1.221429	0.002734	0.651843	155.399301
268.2	1.05	0.002350	0.630400	169.073358
298	0.85	0.001903	0.567027	168.973961
327.8	0.692857	0.001551	0.508418	166.659410
357.6	0.55	0.001231	0.440280	157.443973
387.4	0.478571	0.001071	0.415025	160.780710
417.2	0.364286	0.000815	0.340216	141.938239
447	0.292857	0.000656	0.293043	130.990255
476.8	0.264286	0.000592	0.282084	134.497739
506.6	0.192857	0.000432	0.218710	110.798558
536.4	0.164286	0.000368	0.197268	105.814803
566.2	0.121429	0.000272	0.153908	87.142593
596	0.05	0.000112	0.066709	39.758579

六、思考题

1. 解释反应器的实际个数与模型参数 N 之间的关系？

2. 全混流反应器具有什么特征，如何利用实验方法判断搅拌釜是否达到全混流反应器的模型要求？如果尚未达到，如何调整实验条件使其接近这一理想模型？

3. 测定单釜或多釜串联反应器的停留时间的意义何在？

4. 实验中示踪剂的加入量对停留实验分布测定结果有何影响？

5. 脉冲示踪前如何根据每个釜的出口电导率变化来判断釜内流体的情况？

6. 阐释由单个釜的流动特性推测多釜串联的理论流动特性，其结果与实际测量值的关系。

实验三 管式反应器流动特性测定实验

一、实验目的

1. 了解连续均相管式循环反应器的返混特性；

2. 分析观察连续均相管式循环反应器的流动特征；

3. 研究不同循环比下的返混程度，按照多釜串联模型计算其模型参数 N。

二、基本原理

在工业生产上，对某些反应为了控制反应物的合适浓度，以便控制温度、转化率和收率，同时需要使物料在反应器内有足够的停留时间，并具有一定的线速度，而需要将反应物的一部分物料返回到反应器进口，使其与新鲜的物料混合后再进入反应器进行反应。在连续流动的反应器内，不同停留时间的物料之间的混合称为返混。对于这种反应器循环与返混之间的关系，需要通过实验来测定。

在连续均相管式循环反应器中，若循环流量等于零，则反应器的返混程度与平推流反应器相近，由于管内流体的速度分布和扩散，会造成较小的返混。若有循环操作，则反应器出口的流体被强制返回反应器入口，也就是返混。返混程度的大小与循环流量有关，通常定义循环比 R 如式（4-15）所示：

$$R = \frac{\text{循环物料的体积流量}}{\text{离开反应器物料的体积流量}} \qquad (4\text{-}15)$$

其中，离开反应器物料的体积流量＝进料的体积流量。

循环比 R 是连续均相管式循环反应器的重要特征，可自 0 变至无穷大。

当 $R = 0$ 时，相当于平推流管式反应器；

当 $R = \infty$ 时，相当于全混流反应器。

因此，对于连续均相管式循环反应器，可以通过调节循环比 R，得到不同返混程度的反应系统。一般情况下，循环比大于 20 时，系统的返混特性已经非常接近全混流反应器的返混状况。

返混程度的大小，一般很难直接通过实验方法进行测定，通常所采用的方法是利用物料停留时间分布的测定来研究返混程度的大小。然而在测定不同状态的反应器内停留时间分布时，可以发现，相同的停留时间分布可以有不同的返混情况，即返混与停留时间分布不存在一一对应的相互关系，因此不能简单用停留时间分布的实验测定数据直接表示返混程度，而要借助于反应器数学模型来间接表达。

停留时间分布的测定方法有脉冲法和阶跃法等，在实验中常用的测定方法是脉冲法。当系统达到稳定后，在系统的入口处瞬间注入一定量 Q 的示踪物料，同时开始在出口流体中检测示踪物料的浓度变化。

由停留时间分布密度函数的物理含义，可知

$$f(t)\mathrm{d}t = Vc(t)\mathrm{d}t/Q \qquad (4\text{-}16)$$

$$Q = \int_0^\infty Vc(t)\mathrm{d}t \qquad (4\text{-}17)$$

所以

$$f(t) = \frac{Vc(t)}{\int_0^\infty Vc(t)\mathrm{d}t} = \frac{c(t)}{\int_0^\infty c(t)\mathrm{d}t} \qquad (4\text{-}18)$$

由于电导率与浓度之间存在线性关系，故可以直接对电导率进行复化辛普森积分，其公式如下：

$$\int_0^\infty f(t)\mathrm{d}t = \frac{h}{6}\left[f(a) + 4\sum_{k=0}^{n-1} f(x_{k+\frac{1}{2}}) + 2\sum_{k=1}^{n-1} f(x_k) + f(b) \right] \qquad (4\text{-}14)$$

由此可见 $f(t)$ 与示踪剂浓度 $c(t)$ 之间成正比。因此，本实验中用水作为连续流动的物料，以饱和 NaCl 水溶液作示踪剂，在反应器出口处检测溶液的电导值。在一定范围内，NaCl 浓度与电导率成正比，则可用电导率来表达物料的停留时间变化关系，即 $f(t) \propto$

$L(t)$，这里 $L(t)=L_t-L_\infty$，L_t 为 t 时刻的电导率，L_∞ 为无示踪剂时电导值。

由实验测定的停留时间分布密度函数 $f(t)$，有两个重要的特征值，即平均停留时间$\bar{t}$和方差 σ_t^2，可由实验数据计算得到。若用离散形式表达，并取相同时间间隔 Δt，则：

$$\bar{t}=\frac{\sum tc(t)\Delta t}{\sum c(t)\Delta t}=\frac{\sum tL(t)}{\sum L(t)} \tag{4-19}$$

$$\bar{t}=\frac{\int_0^\infty tc(t)\mathrm{d}t}{\int_0^\infty c(t)\mathrm{d}t}=\frac{\int_0^\infty tL(t)\mathrm{d}t}{\int_0^\infty L(t)\mathrm{d}t}=\int_0^\infty tL(t)\mathrm{d}t \tag{4-20}$$

$$\sigma_t^2=\frac{\int_0^\infty t^2c(t)\mathrm{d}t}{\int_0^\infty c(t)\mathrm{d}t}-(\bar{t})^2=\int_0^\infty t^2c(t)\mathrm{d}t-\bar{t}^2=\int_0^\infty t^2L(t)\mathrm{d}t-\bar{t}^2 \tag{4-21}$$

若用无量纲对比时间来表示，即：

$$\theta=\frac{t}{\bar{t}} \tag{4-22}$$

则无量纲方差为：

$$\sigma_\theta^2=\frac{\sigma_t^2}{\bar{t}^2} \tag{4-23}$$

在测定了一个系统的停留时间分布后，我们采用的是多釜串联模型来评价其返混程度。多釜串联模型是将一个实际反应器中的返混情况与若干个全混釜串联时的返混程度等效。这里的若干个全混釜的串联个数 N 为虚拟值，并不代表反应器个数，N 称为模型参数。多釜串联模型假定每个反应器为全混釜，反应器之间无返混，每个全混釜体积相同，则可以推导得到多釜串联反应器的停留时间分布函数关系，并得到无量纲方差 σ_θ^2 与模型参数 N 存在关系为：

$$N=\frac{1}{\sigma_\theta^2}=\frac{\bar{t}^2}{\sigma_t^2} \tag{4-24}$$

三、实验装置与流程

本实验装置由管式反应器和循环系统组成，如图 4-7 所示，连续流动物料为水，示踪剂为饱和食盐水溶液。实验时，水从水箱用进料泵往上输送，经进料流量计测量流量后，进入管式反应器，在反应器顶部分为两路，一路到循环泵经循环流量计测量流量后进入反应器，一路经电导率仪测量电导后排入地沟。待系统稳定后，NaCl 水溶液从盐水池通过电磁阀快速进入反应器。

(1) 实验仪器
反应器为有机玻璃制成的管式反应器（1000mL）　　　1个
DDS-11C 型电导率仪　　　1个
LZB 型转子流量计：进料 2.5~25L/h　　　1个
　　　　　　　　　循环 16~160L/h　　　1个
DF2-3 型电磁阀（$PN=0.8\mathrm{MPa}$，220V）　　　1个
MP-20RZ 型磁力驱动泵　　　2个

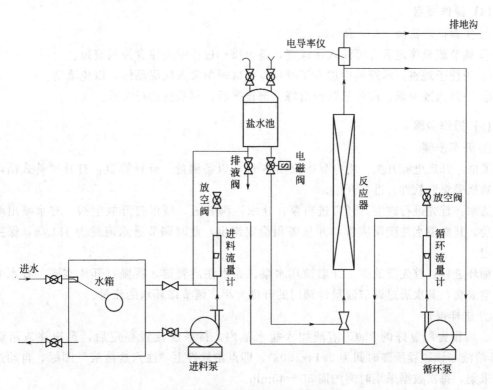

图 4-7　管式反应器流动特性测定实验装置示意图

（2）实验试剂

主流体　　　　　　　　　　　　　　　　　自来水

示踪剂　　　　　　　　　　　　　　　　　0.017mol/L NaCl 水溶液

四、实验步骤

（1）药品制备

0.017mol/L NaCl 溶液：称量 5g NaCl 固体到 500mL 水中，玻璃棒充分搅拌，使其溶解即可。

（2）实验准备工作

① 熟悉流量计、循环泵的操作；

② 熟悉进样操作，可抽清水模拟操作；

③ 熟悉"管式循环反应器"数据采集系统的操作，开始→结束→保存→打印。

（3）实验内容和要求

① 实验内容　用脉冲示踪法测定循环反应器停留时间分布；改变循环比，确定不同循环比下的系统返混程度；观察循环反应器的流动特征。

② 实验要求　控制系统的进口流量在 15L/h，采用不同循环比，$R=0$、3、5，通过测定停留时间的方法，借助多釜串联模型度量不同循环比下系统的返混程度。**每组实验重复 3 次。**

(4) 操作要点

① 实验循环比做三个，$R=0$、3、5。

② 调节流量稳定后方可注入示踪剂，整个操作过程中应注意控制流量。

③ 为便于观察，示踪剂中加入了颜料。抽取时勿吸入底层晶体，以免堵塞。

④ 一旦出现失误，应等示踪剂出峰全部走平后，再重新进行实验。

(5) 操作步骤

① 开车步骤

通电：开启电源开关，将电导率仪预热 1h，以备测量。开计算机，打开"管式循环反应器数据采集"软件，准备开始。

通水：首先进行放空，开启进料泵，让水注满管道，缓慢打开放空阀，有水喷出即放空成功，其次使水注满反应管，并从塔顶稳定流出，此时调节进水流量为 15L/h，保持流量稳定。

循环进料：首先要放空，开启循环水泵，让水注满管道，缓慢打开放空阀，有水喷出即放空成功，其次通过调节流量计阀门的开度大小，调节循环水的流量。

② 进样操作

a. 将预先配置好的 NaCl 溶液加入盐水池内，待系统流量稳定后，迅速注入示踪剂 NaCl 溶液（该过程所需时间为 0.1～1.0s），即点击软件上"注入盐溶液"图标，自动进行数据采集，每次数据采集时间约需 35～40min。

b. 当计算机记录显示的曲线在 2min 内觉察不到有明显变化时，即认为终点已到，点击"停止"键，并立即按"保存数据"键存储数据。

c. 打开"历史记录"选择相应的保存文件进行数据处理，实验结果可保存或打印。

每组实验重复 3 次后，改变条件，即改变循环比 $R=0$、3、5，重复 a～c 步骤。

③ 结束步骤 先关闭自来水阀门，再依次关闭流量计、水泵、电导率仪和总电源；关闭计算机，将仪器复原。

五、实验数据处理

具体步骤参见本章实验二的实验数据处理。

六、实验报告

1. 选择一组实验数据，用离散方法计算平均停留时间、方差，从而计算无量纲方差和模型参数，要求写清计算步骤。

2. 与计算机的计算结果相比较，分析偏差原因。

3. 列出数据处理结果表。

4. 讨论实验结果。

七、思考题

1. 何谓循环比？循环反应器的特征是什么？

2. 计算出不同条件下系统的平均停留时间，并分析出现偏差原因。

3. 计算模型参数 N，讨论不同条件下系统的返混程度大小。

4. 讨论如何限制返混或加大返混程度。

实验四 超疏水表面的制备与表征实验

一、实验目的

1. 了解超疏水表面的性能及其制备方法；
2. 掌握表面润湿性和接触角等基本概念；
3. 学习接触角测量仪 JC2000D1 的操作方法。

二、基本原理

超疏水表面一般指水滴的接触角大于 150°，滚动角小于 10°的表面，具有良好的自清洁、抗冰冻、防腐蚀和减阻等性能。液体不完全润湿表面时，通常形成球冠状液滴，当固、液、气三相接触达到平衡时，从三相接触点沿液-气界面作切线，此切线与固-液界面的夹角称为接触角（图 4-8），以 θ 表示；滚动角是指液滴在倾斜表面上刚好发生滚动时，倾斜表面与水平面所形成的临界角度，以 α 表示。接触角和滚动角的大小可以表征固体表面的润湿性。

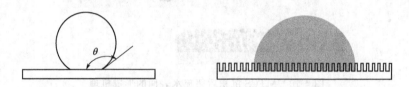

图 4-8 接触角 θ 与 Wenzel 模型示意图

对于化学性质均一、平坦的理想表面，接触角 θ 与固体表面张力 $\gamma_{s/g}$、液体表面张力 $\gamma_{l/g}$ 和固-液界面的界面张力 $\gamma_{s/l}$ 之间的关系满足杨氏方程：

$$\gamma_{s/g} = \gamma_{s/l} + \gamma_{l/g} \cos\theta \tag{4-25}$$

对于具有一定粗糙度的实际固体表面，其润湿性由表面的化学组成和粗糙度共同决定，不再满足杨氏方程。Wenzel 认为粗糙表面的存在，使得实际固-液接触面积大于表观几何上的面积，并假设液体为湿接触，即液体能填满粗糙表面上的凹槽（图 4-9），并对杨氏方程进行了相关修正。此时，润湿表面的表观接触角 θ_w 和固有接触角（杨氏接触角）θ 的关系为：

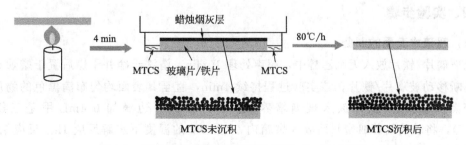

图 4-9 超疏水表面的制备工艺及机理（Ju G，2017）

$$\cos\theta_w = r\,\frac{\gamma_{s/g} - \gamma_{s/l}}{\gamma_{l/g}} = r\cos\theta \tag{4-26}$$

式中，r 为粗糙系数（$r \geqslant 1$），表示粗糙表面的真实面积与其投影面积之比。实验证明：对于疏水性物质，其表面结构越粗糙，则接触角越大；对于亲水性物质，其表面结构越粗糙，则接触角越小。

本实验以蜡烛燃烧产生的烟灰为基础构建超疏水表面。蜡烛火焰在燃烧过程中未燃烧完全的碳被称为蜡烛烟灰，具有较好的亲油性，同时能积累形成丰富的珊瑚状粗糙结构，不需要低表面能物质改性就能达到超疏水，但这种结构中粒子间没有相互作用力，易被破坏。因此本实验先制取蜡烛烟灰层，然后采用化学气相沉积法将甲基三氯硅烷（MTCS）沉积到蜡烛烟灰表面，水解后的硅烷沉积在蜡烛烟灰粒子上，相互连接，从而制得更高强度的超疏水表面，其制备过程和机理如图 4-9 和图 4-10 所示。通过相关实验方法，测定其润湿性、自清洁性等性能。

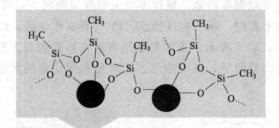

图 4-10　MTCS 沉积后超疏水表面的形成机理

甲基三氯硅烷沉积的化学反应方程式为：

$$CH_3Si(Cl)_3 + 3H_2O \longrightarrow CH_3Si(OH)_3 + x\,蜡烛烟灰—OH \longrightarrow CH_3Si(O\text{-}蜡烛烟灰)_x$$
$$(x = 1, 2, 3)$$

三、实验装置

实验中使用的试剂主要有：甲基三氯硅烷（98%）、氢氧化钠、浓硫酸、无水乙醇、去离子水。

实验中使用的仪器主要有：JC2000D1 接触角测量仪、超声波清洗器、烘箱、玻璃培养皿、玻璃片和铁片等。

四、实验步骤

(1) 超疏水表面的制备

把玻璃片/铁片放入无水乙醇中，超声处理 10min，清洗干净并干燥后置于蜡烛火焰上方，不断移动玻璃片/铁片，该实验过程持续 4min，直至其表面均匀布满黑色的物质。随后将变黑的玻璃片/铁片放入玻璃培养皿内，并在其旁边滴加 0.4mL 甲基三氯硅烷（MTCS），将玻璃培养皿密封后放入烘箱内，于 80℃ 的温度下水解反应 1h。反应结束后，冷却至室温，得到超疏水表面。

(2) 超疏水表面的表征

① 空气中的润湿性和自清洁性

● 润湿性：

室温条件下，用微量进样器在未进行 MTCS 沉积的玻璃片/铁片表面滴一滴体积为 $5.0\mu L$ 的去离子水，用 JC2000D1 接触角测量仪测量接触角大小，拍摄水滴图像。测量 3 个不同位置的接触角，误差在 1% 以内，取平均值作为测量结果，记为接触角 θ_1；随后调节平台倾斜度直至水滴开始滚动，测量此时的倾斜角，记为滚动角 α_1。在 MTCS 沉积后按照上述步骤进行同样的实验操作，分别记录接触角 θ_2 和滚动角 α_2。

● 自清洁性：

a. 将 MTCS 沉积后的玻璃片/铁片倾斜一定角度，在其表面均匀撒上固体粉末充当污染物，并将染色的去离子水贴着玻璃片/铁片上表面滴落，观察现象。

b. 将 MTCS 沉积后的玻璃片/铁片平放于桌面，在其表面均匀撒上固体粉末充当污染物，并将染色的去离子水从 20cm 高处滴落到玻璃片/铁片表面，观察现象。

c. 将 MTCS 沉积后的玻璃片/铁片平放于桌面，在其表面均匀撒上固体粉末充当污染物，用吸管牵引一滴水从右边移动到左边，观察现象。

② 油中的润湿性和自清洁性

● 润湿性：

在室温条件下，将 MTCS 沉积后的玻璃片/铁片浸入正己烷等有机溶剂中，微量进样器深入液面以下，在其表面滴一滴体积为 $5.0\mu L$ 的去离子水，测量接触角 θ_3 和滚动角 α_3。

● 自清洁性：

将 MTCS 沉积后的玻璃片/铁片倾斜一定角度，浸入正己烷等有机溶剂中，在其表面均匀撒上固体粉末充当污染物，并将染色的去离子水贴着玻璃片/铁片上表面滴落，观察现象。

③ 耐高温性和耐腐蚀性

● 耐高温性：

将 MTCS 沉积后的玻璃片/铁片在 100～300℃ 的温度下以 50℃ 的温度间隔放置在烘箱中 1h 时，在室温条件下分别测量接触角 θ_4。

● 耐腐蚀性：

将 MTCS 沉积后的玻璃片在不同 pH 值的 H_2SO_4 溶液和 NaOH 溶液内浸泡 1h 后，在室温条件下，测量接触角 θ_5。

④ 耐久性　将 MTCS 沉积后的玻璃片/铁片倾斜 45°，将盛有 50mL 去离子水的漏斗置于其上方 20cm 处，模拟雨击，在超疏水表面冲刷 20 滴为 1 个实验周期，重复 30 个周期后测量接触角 θ_6。

(3) 接触角测量仪的仪器操作步骤

① 打开 JC2000D1 接触角测量仪电源和软件。

② 通过螺丝安装并固定微量进样器、调节视野位置与平台高度等。

③ 挤出一定量的液滴，滴在玻璃片等平面上，待液滴稳定后，冻结图片，保存。

④ 采用"量角法"测量接触角，选择已保存的图片，点击"两线交点"，上下左右调节，使两线与液滴两边相切。

⑤ 将指针由上而下，垂直向下，到达液凸面最高点后点击"逆时针/顺时针"旋转，此时：

使其中一条线与左边的界面与液面相交点重合，出现"接触角"。

使右线与右边的界面与液面相交点重合，点击"补角测量"，出现"接触角"。

⑥ 测量 3 个不同位置的接触角，误差在 1‰ 以内，取平均值作为测量结果，记为接触角 θ。

⑦ 关闭软件和仪器。

五、实验数据处理

记录接触角、滚动角原始数据，见表 4-3。

表 4-3　接触角、滚动角原始数据记录表

实验日期：＿＿＿＿＿＿＿　实验人员：＿＿＿＿＿＿＿　学号：＿＿＿＿＿＿＿

序号	θ	$\overline{\theta}$	α	$\overline{\alpha}$

六、思考题

1. 蜡烛烟灰层具有超疏水的原因是什么？
2. 在蜡烛烟灰层表面进行 MTCS 沉积的作用是什么？
3. MTCS 沉积后的超疏水表面在空气和油中的自清洁各是由什么引起的？

实验五　浸渍法制催化剂的比表面积测定实验

一、实验目的

1. 理解催化剂的基本概念。
2. 掌握浸渍法制备负载型催化剂中各组成含量的计算方法。
3. 掌握浸渍法制备负载型催化剂的基本步骤。
4. 掌握低温氮气吸附法测催化剂比表面积的原理。

二、基本原理

（1）催化剂的定义

现代化学对催化剂的基本定义是：催化剂是一种能够改变化学反应速率，却不改变化学反应热力学平衡位置，本身在化学反应中不被明显地消耗的化学物质。能使化学反应速率加快的催化剂，叫做正催化剂，而使化学反应速率减慢的催化剂，称作负催化剂。一般如不加以特别说明，都是指正催化剂。

化学反应是原料化学键断裂和产物分子化学键形成的过程，其实现转化一般需要一定的活化能才能进行，活化能越大，则反应越难进行。有些化学反应由于活化能较大或者过小，以致反应速率极慢或极快，难以在实际工业过程中加以控制，因此实用意义较差。因而改变化学反应的活化能，提高或降低热力学上可行的化学反应的化学反应速率对化工生产过程具有重要意义。

提高化学反应速率可以采用加热的方法，随着反应温度的升高，反应分子运动速率加快，分子间发生碰撞的概率增加，化学键断裂和形成产物的速率增加，反应进程加快和反应速率提高，但是此法耗能高且无法控制反应的路径，难以保证化学反应的选择性。而利用催化剂在提高反应速率同时可选择性实现反应方向的调控成为现代工业生产最经济有效的一种手段。在化学工业生产中催化过程大约占全部化学过程的 80% 以上，而且随着当前人们对生活质量和环境问题的日益重视，许多现代的低成本且节能的环境技术都同催化技术息息相关。因此催化剂和催化作用的设计和研究发展对能源和环境的可持续发展具有非常重要的促进作用。

（2）催化剂的组成

催化剂可由单一化学组分构成，如某些金属及其盐类，如 Ni、Pt、Pd、$ZnCl_2$、$CuCl_2$ 等；催化剂也可由多种组分构成，如 $CuO-Cr_2O_3$、$Fe_2O_3-TiO_2$ 等。一般而言，工业用催化剂往往不是由单一物质构成，而是由多种单质或化合物组根据各自不同的作用形成的混合体，因此常把催化剂分成主体和载体两部分，主体由主催化剂、共催化剂和助催化剂构成。

① 主催化剂　主催化剂是起主要催化作用的根本性物质，没有它就不存在催化作用。例如合成氨的催化剂是由金属铁、Al_2O_3 和 K_2O 组合而成的多组分混合体，其中，无论有无 Al_2O_3 和 K_2O，金属铁总是有催化活性的，只是催化活性的大小和寿命的长短不同而已。但是，如果催化剂中没有金属铁，则根本没有催化活性。因此，铁在合成氨催化剂中是主催化剂。

② 助催化剂　助催化剂本身催化活性极低或并无催化活性，但只要在催化剂中添加少量的助催化剂，使之与活性组分产生某种相互作用，就能提高主催化剂的活性、选择性以及改善催化剂的耐热性、抗毒性、机械强度和寿命等性能。例如合成氨的铁催化剂中，除铁以外的 Al_2O_3 和 K_2O 就是助催化剂。

③ 载体　载体是固体催化剂特有的组分，主要是作为沉积催化剂的骨架。很多物质虽然具有明显的催化活性，但难以制成高分散的状态，或者即使能制成细分散的微粒，但在高温反应条件下微粒容易发生聚集也难以保持大的活性比表面积，因而仍不能满足工业催化剂的基本要求。人们最初使用载体的目的是为了增加催化活性物质的比表面积。人们认为载体是只对活性组分起承载作用，本身没有或有极少活性。但是后来发现载体在催化反应过程中的作用是复杂的，它并非是惰性物质。在大部分情况下，载体与活性组分之间存在着相互作用，有时甚至是强相互作用，在这种作用的影响下，活性组分的性能会发生较大变化。有时载体对反应物也有直接的化学作用。

（3）催化剂制备方法

担载型催化剂是一种最广泛应用的多相催化剂。它的基本组成是载体（包括预先制成的和在制备过程中形成的）以及活性组分。一般而言，这类催化剂在制备中的基本要求是保证活性组分能均匀地分散在载体表面，如图 4-11 中所示 Ru 纳米颗粒均匀分散在载体碳纳米管（CNTs）表面。对催化剂制备化学方面原理的掌握和认识能实现高分散催化剂制备的这个要求。担载型催化剂有多种制备方法，其中浸渍法是最常用和简单的方法之一。

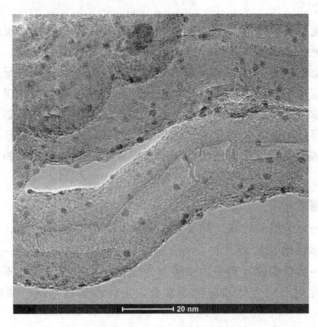

图 4-11　浸渍法制备 Ru/CNTs 催化剂透射电镜图

　　浸渍法的过程通常先将所需担载的金属盐配制成一定浓度的溶液，使用初期润湿"浸渍"方法，也称为等体积浸渍，即加入足以充满载体微粒孔体积或稍少一点的溶液，将其担载在已制备的具有丰富孔性结构的载体上。对粉状载体，浸渍液体积则需稍大于孔体积（称为湿浸渍），除非催化剂前驱体能强烈地吸附在载体上。在催化剂负载干燥期间，连续均匀搅拌混浆是保证催化剂前体在载体上均匀分布的关键影响因素之一。

（4）催化剂的物理结构性能

　　催化剂颗粒物理性能分析是催化剂宏观性质中十分重要的性质之一，在实际应用中，比表面积大小、催化剂颗粒大小及其负载金属在载体表面的分散程度等因素都会对反应物及产物在催化剂表面的接触和扩散具有直接的影响，从而在一定程度上控制着反应的速度和路径，因此对催化剂颗粒分析具有很重要的现实意义。

　　通常称 1g 催化剂固体所占有的总表面积为该物质的比表面积 $S(\text{m}^2/\text{g})$，多孔物比表面积的测量无论在科研还是工业生产中都具有十分重要的意义。固体有一定的几何外形，借通常的仪器和计算可求得其表面积。但催化剂粉末不仅具有不规则的外表面，还有复杂的内表面故测定其比表面积较困难。气体吸附法是表征催化剂孔结构最重要的方法之一。通常根据气体吸附法的原理可以测定比表面积、孔体积和孔径分布等结构性质。为了在气体吸附过程中避免发生化学吸附，常采用化学惰性气体如 N_2 或 Ar 为吸附质，恒温条件下，测定不同比压 p/p_s（相对压力，p 为气体的真实压力，p_s 为气体在测定温度下的饱和蒸气压）下的气体吸附量。由下列的 BET 方程：

$$\frac{p}{V(p_s-p)}=\frac{1}{V_m C}+\frac{C-1}{V_m C}\times\frac{p}{p_s} \tag{4-27}$$

式中　V——平衡吸附量，mL（标准状态）或 mg；

　　　V_m——形成单分子层时的吸附量，mL（标准状态）或 mg；

　　　p——平衡压力，mmHg；

　　　p_s——实验温度下，吸附质饱和蒸气压，mmHg；

　　　C——给定物系，给定温度下的常数。

根据实验测得吸附数据计算得到单分子层吸附量 V_m，进而计算得到单分子层吸附的分子个数 N_m，最终计算得到测试粉末的气体吸附面积 S_m，公式如下：

$$N_m=\frac{V_m N_0}{22.4\times10^3}(\text{mL/mol}) \tag{4-28}$$

$$S_m=N_m A \tag{4-29}$$

式中　N_m——单分子吸附的分子个数；

　　　N_0——阿伏伽德罗常数，6.02×10^{23} 分子/mol；

　　　A——吸附质分子的截面积，m^2/分子。

三、实验装置

实验中使用的试剂主要有：五水硝酸镍固体、二氧化硅固体、去离子水。

实验中使用的仪器主要有：烧杯、超声波清洗器、烘箱、水浴锅、马弗炉和低温氮气吸附仪。

四、实验步骤

(1) 催化剂各组成含量的计算

以制备 1g 催化剂 3％Ni/SiO₂ 为例：

$m_{Ni}=3\%\times1g=0.03g$

$n_{Ni}=m_{Ni}/M_{Ni}=0.03g/(56.7g/mol)=0.000529mol$

$m_{Ni(NO_3)_2\cdot6H_2O}=n_{Ni}M_{Ni(NO_3)_2\cdot6H_2O}=0.000529mol\times290.8g/mol=0.154g$

$m_{SiO_2}=1g\times(1-3\%)=1\times97\%=0.97g$

本实验中催化剂 1％Ni/SiO₂、5％Ni/SiO₂、10％Ni/SiO₂ 含量以上述方法进行各组成含量的计算，并将结果填入表 4-4。

(2) 催化剂前驱体的制备

实验步骤以其中 1％Ni/SiO₂ 催化剂为例，另外两种催化剂的制备步骤完全与 1％Ni/SiO₂ 催化剂的制备步骤一致。按上述方法分别计算催化剂活性组分前驱体 Ni(NO₃)₂·6H₂O 及载体 SiO₂ 的质量，随后用高精度电子天平分别进行试剂的称量。将称量的 Ni(NO₃)₂·6H₂O 试剂转入烧杯中并加入 10mL 蒸馏水，搅拌溶解 30min，溶解后的溶液内加入称量一定量的载体 SiO₂ 样品，用玻璃棒搅拌均匀，后在超声仪中超声处理 30min，超声结束后取出放在干净的地方静置后浸渍 30min。浸渍结束后，将烧杯置于 70℃ 的水浴下进行不停地搅拌直至干燥至样品呈粉末状，从而制得催化剂前驱体。

(3) 催化剂的焙烧

将上一步制得的催化剂前驱体粉末置于120℃烘箱内干燥60min。随后将催化剂粉末转移到坩埚中，然后放入马弗炉中。设置马弗炉的温控仪，以10℃/min的升温速率升至目标温度320℃，并在该温度下恒温处理30min，再以10℃/min的升温速率升温至最终焙烧温度500℃烘焙60min。加热结束后，关闭仪器，使催化剂样品在炉内自然冷却至室温，最后取出研磨得到催化剂样品，将样品称重后（质量填入表4-4）标记保存至干燥箱内待用。

(4) 催化剂比表面积的测试

将制得的催化剂样品采用低温氮气吸附仪进行测试，得到其比表面积的实验数据，并将数据填入表4-4。

五、实验数据处理

1. 掌握浸渍法制备催化剂各组分的计算方法。
2. 掌握浸渍法制备催化剂的方法。
3. 测定各催化剂的比表面积，并讨论活性组分含量与其比表面积变化的规律。

实验数据记录见表4-4。

表 4-4 催化剂质量及比表面积记录表

催化剂名	$m_{Ni(NO_3)_2 \cdot 6H_2O}$/g	m_{SiO_2}/g	催化剂质量/g	催化剂比表面积/(m²/g)
1%Ni/SiO₂				
5%Ni/SiO₂				
10%Ni/SiO₂				

六、思考题

1. 浸渍法中活性组分负载在载体上的原理是什么？
2. 浸渍法的优缺点有哪些？
3. 你认为浸渍法制 Ni/SiO₂ 催化剂中焙烧的目的是什么？

实验六 二氧化碳甲烷化反应实验

一、实验目的

1. 了解以二氧化碳（CO_2）、氢气（H_2）为原料，以HT-MC为催化剂，在固定床单管反应器中制备甲烷（CH_4）的反应过程。
2. 掌握温度控制和流量控制的仪表及仪器的使用方法。
3. 掌握稳定工艺操作条件的方法。
4. 掌握CO_2甲烷化的转化率和收率与反应温度之间的关系；找出最适宜的反应温度区间。
5. 掌握气固相催化反应动力学实验的研究方法及催化剂活性的比较方法。
6. 进一步理解多相催化反应及有关知识和了解工艺设计思想。

7. 了解气相色谱分析及使用方法。

二、基本原理

(1) 反应方程式

CO_2 甲烷化生成 CH_4 和 H_2O 的反应是石油化工与合成氨生产中的重要反应过程，该实验模拟中温-低温反应过程，用直流流动法同时测定镍基催化剂与不同反应温度条件下催化剂的相对活性。本实验的反应方程式为：

$$CO_2 + 4H_2 \longrightarrow CH_4 + 2H_2O \qquad \Delta H_{298℃} = -165kJ/mol$$

(2) 反应的影响因素

① 温度的影响 CO_2 甲烷化反应为放热反应，$\Delta H_{298℃} < 0$，从平衡常数与温度的关系式可知，降低反应温度有利于向生产甲烷方向移动，从而提高甲烷化反应的平衡转化率。但是温度过低时反应速率太低而不利于反应的进行，故应控制适宜的反应温度。本实验的反应温度控制为 $300 \sim 400℃$。

② 压力的影响 二氧化碳甲烷化为体积减小的反应，从平衡常数与压力的 $K_p = K_n = (p_总/\Sigma n_i)^{\Delta\gamma}$ 关系式可知，当 $\Delta\gamma < 0$ 时，升高总压 $p_总$ 可使 K_n 增大，从而提高反应的平衡转化率，故升高压力有利于平衡向甲烷生成方向移动。但是由于本装置是反应实验装置，从实验装置配置及实验安全方面考虑，本实验主要在常压下进行反应。

③ 空速的影响 二氧化碳甲烷化反应，随着反应空速的增大，处理量会增大，但是当达到一定的空速后，转化率会降低。本实验选择最佳空速为 $4000mL/(g \cdot h)$。

(3) 催化剂

本实验采用 HT-MC 催化剂，$NiO-Al_2O_3$ 为主要活性组分。

三、实验装置与流程

二氧化碳甲烷化反应实验装置如图 4-12 所示。

实验用原料气 N_2、H_2 和 CO_2 分别取自钢瓶，三种气体分别经过减压阀降低压力后进入气路，后经过各气体支路的流量计计量控制后，在混合罐中混合达到均匀。混合气体经管式加热炉进行原料气的预热，再通入已装填 HT-MC 催化剂的反应器内进行催化反应。反应后的气体引出经冷却、分离水分后，通入气相色谱仪进行在线尾气成分分析。分析结果用于催化剂催化性能的计算。

反应方程式为：

$$CO_2 + 4H_2 \longrightarrow CH_4 + 2H_2O \qquad \Delta H_{298℃} = -165kJ/mol$$

CO_2 的转化率：

$$X = \frac{n_2 c_2}{n_1 c_1} \times 100\% \tag{4-30}$$

甲烷的收率为：

$$X = \frac{n_2 c_3}{n_1 c_1} \times 100\% \tag{4-31}$$

式中　X——原料 CO_2 的转化率，%（摩尔分数）；

　　　n_1——反应前气体流量，mol/min；

　　　c_1——原料中 CO_2 摩尔分数，%；

　　　n_2——反应后气体流量，mol/min；

　　　c_2——产物中 CO_2 摩尔分数，%；

　　　c_3——产物中 CH_4 摩尔分数，%。

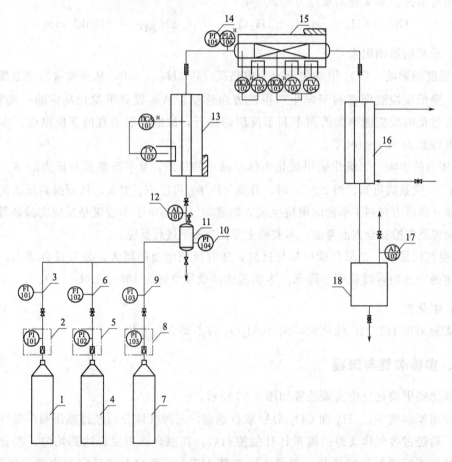

图 4-12　二氧化碳甲烷化反应实验装置示意图

1—二氧化碳气体钢瓶；2—二氧化碳气体减压阀；3—二氧化碳气体流量计；4—氢气气体钢瓶；
5—氢气气体减压阀；6—氢气气体流量计；7—氮气气体钢瓶；8—氮气气体减压阀；9—氮气
气体流量计；10—混合罐压力表；11—混合罐；12—原料取样口；13—预热管式加热炉；
14—反应器进料压力表；15—反应器；16—冷却器；17—反应产物取样处；18—集液罐
T—温度；P—压力；F—流量；I—指示；C—控制；A—报警；H—保温

四、实验步骤

(1) 实验准备

物料准备：一瓶 N_2 气体钢瓶，一瓶 CO_2 气体钢瓶，一瓶 H_2 气体钢瓶（定期检查保证各钢瓶内有气体）。

仪器准备：气相色谱仪，配有热导池检测器（TCD）、CO_2 及 CH_4 色谱分析柱。

（2）操作步骤

● 实验装置的开车操作

① 检查系统是否处于正常状态。

② 开启 N_2 钢瓶，系统内通入 N_2，置换系统约 5min 以排掉系统内的空气。

③ 接通电源，开启管道保温控制仪，同时打开冷却水，管道保温。

④ 开启预热管式加热炉，以其进行温控炉的 PID 控制方法练习：a. 设定管式炉的温度控制仪为自动控制模式，目标温度设为 350℃，当设定温度以一定温度间隔（建议间隔温度 50℃）时记录实际温度及加热时间，随后计算各温度区间的升温速率和绘制设定温度与实际温度的对应曲线。b. 设定管式炉的温度控制仪为手动控制模式，分别设定控制仪加热输出功率为额定功率的 30%、50% 和 70%，分别记录实际温度从室温加热至 350℃ 之间每升高 30℃ 所用的加热时间，计算得到各温度区间的升温速率。c. 根据 a、b 步的升温过程分析结果优化得到管式炉自动模式及手动模式组合的升温控制程序。

⑤ 调节管式加热炉和反应器温度到实验条件后，切换成 N_2，稳定 20min 左右。随后关闭 N_2，通入原料气（按一定比例混合的 $CO_2 + H_2$）即可以进行二氧化碳甲烷化反应过程。

● 甲烷化反应催化剂催化活性随温度变化测试实验操作

① 根据气相色谱仪的开机步骤启动色谱仪，并使之预热稳定达到可分析测试状态。

② 接通电源，开启管式加热炉、反应器的加热开关，使管式加热炉和反应器逐步升温，并同时通入 N_2，调节流量为 8L/h，当反应器温度达到 60℃ 时，打开冷却水。

③ 控制管式加热炉及反应器的温控仪使其温度均达到 300℃，调节 CO_2 气体钢瓶和 H_2 气体钢瓶的减压阀，使阀后压力为 0.1MPa，通入 CO_2 气体和 H_2 气体，调节 CO_2 流量和 H_2 流量之比为 1∶4，CO_2 流量为 1.5～4L/h，H_2 流量为 6～16L/h。缓冲罐的压力不超过 0.1MPa，10min 后，对混合罐出口取样点进行取样，分析其 CO_2 气体含量，作为反应原料的组分。反应 10min 后，对集液罐顶部出口处取样点进行取样，分析反应后气体中 CO_2 及 CH_4 气体含量，完成一组实验操作。保持同样温度和流量下，间隔 15min 再取样一次进行分析，最终实验结果以两次分析结果取平均值为准。

④ 保持物料流量不变，将管式加热炉及反应器温度逐渐升高至 350℃，10min 后，对混合罐出口取样点进行取样，分析 CO_2 气体含量，作为反应原料的组分。反应 10min 后，对集液罐顶部出口处取样点进行取样，分析反应后气体中 CO_2 及 CH_4 气体含量，完成一组实验操作。保持同样温度和流量下，间隔 15min 再取样一次进行分析，最终实验结果以两次分析结果取平均值为准。

⑤ 保持物料流量不变，将管式加热炉及反应器温度逐渐升高至 400℃，10min 后，对混合罐出口取样点进行取样，分析 CO_2 气体含量，作为反应原料的组分。反应 10min 后，对集液罐顶部出口处取样点进行取样，分析反应后气体中 CO_2 及 CH_4 气体含量，完成一组实验操作。保持同样温度和流量下，间隔 15min 再取样一次进行分析，最终实验结果以两次分析结果取平均值为准。

⑥ 根据记录的气体流量和色谱仪测得的反应前后气体组分含量，计算各温度点下催化剂的 CO_2 转化率和 CH_4 收率，并绘制得到催化剂 CO_2 转化率和 CH_4 收率随温度变化图。

⑦ 反应结束后，停止加热，停止通入 CO_2 及 H_2 气体，保留 N_2 进行冷却，同时按气相色谱仪关机操作流程关闭色谱仪及其附属设备。

● 甲烷化反应催化剂催化活性稳定性测试实验操作

① 根据气相色谱仪的开机步骤启动色谱仪，并使之预热稳定达到可测试状态。

② 接通电源，开启管式加热炉、反应器的加热开关，使管式加热炉和反应器逐步升温，并同时通入 N_2，调节流量为 8L/h，当反应器温度达到 60℃时，打开冷却水。

③ 控制管式加热炉及反应器的温控仪使其温度均达到 350℃，调节 CO_2 气体钢瓶和 H_2 钢瓶的减压阀，使阀后压力为 0.1MPa，通入 CO_2 气体和 H_2 气体，调节 CO_2 流量和 H_2 流量之比为 1:4，CO_2 流量为 1.5～4L/h，H_2 流量为 6～16L/h。缓冲罐的压力不超过 0.1MPa，10min 后，对混合罐出口取样点进行取样，分析 CO_2 气体含量，作为反应原料的组分。反应 10min 后，对集液罐顶部出口处取样点进行取样，分析反应后气体中 CO_2 及 CH_4 气体含量，完成一组实验操作。随后保持同样温度和流量下，以每次间隔 15min 进行取样分析 5 次（取样数共计 6 次）。

④ 根据记录的气体流量和色谱仪测得的反应前后气体组分含量，计算相同温度下各反应时间下催化剂的转化率和收率，并绘制得到催化剂 CO_2 转化率和 CH_4 收率随反应时间变化图（催化剂稳定性图）。

⑤ 反应结束后，停止加热，停止通入 CO_2 及 H_2 气体，保留 N_2 进行冷却，同时按气相色谱仪关机操作流程关闭色谱仪及其附属设备。

五、实验数据处理

实验数据记录于表 4-5～表 4-7。

表 4-5　管式加热器温度记录表

加热时间/min	管式加热器	
	自动模式下设定及实际温度/℃	手动模式下设定及实际温度/℃

表 4-6　甲烷化反应不同温度测试实验数据记录表

实验序号	反应器温度/℃	反应前 CO_2 含量/%		反应后 CH_4 含量/%		CO_2 转化率/%	CH_4 收率/%
		始	终	始	终		
1							
2							
3							
4							

表 4-7 甲烷化反应不同反应时间测试实验数据记录表

实验序号	反应时间/min	反应前 CO_2 含量/%		反应后 CH_4 含量/%		CO_2 转化率/%	CH_4 收率/%
		始	终	始	终		
1							
2							
3							
4							
5							
6							

1. 测定管式炉的温度控制仪自动控制模式下升温速率和绘制设定温度与实际温度的对应曲线，并讨论其控制方式的优缺点。

2. 计算管式炉的温度控制仪手动控制模式下，控制仪加热输出功率为额定功率与升温速率的关系图，并根据手动和自动模式的升温过程分析结果优化得到最优的升温控制程序。

3. 测定甲烷反应中催化剂 CO_2 转化率和 CH_4 收率随温度变化图，并讨论导致其变化的原因。

4. 测定甲烷反应中催化剂 CO_2 转化率和 CH_4 收率随反应时间变化图（催化剂稳定性图），并讨论导致其变化的原因。

六、思考题

1. 二氧化碳甲烷化反应是吸热还是放热反应？如何判断？如果是吸热反应，则反应温度为多少？

2. N_2 在本实验中起到什么作用？

3. 本实验采用的反应器属于哪种？有什么特点？

实验七 膜分离（微滤和超滤）实验

一、实验目的

1. 了解膜的结构和影响膜分离效果的因素，包括膜材质、压力和流量等；

2. 了解膜分离的主要工艺参数，掌握膜组件性能的表征方法；

3. 了解膜的反清洗流程以及操作；

4. 考察物料温度对膜分离效果的影响。

二、基本原理

膜分离是以对组分具有选择性透过功能的膜为分离介质，通过在膜两侧施加（或存在）一种或多种推动力，使原料中的某组分选择性地优先透过膜，从而达到混合物的分离，并实现产物的提取、浓缩、纯化等目的的一种新型分离过程。其推动力可以为压力差（也称跨膜压差）、浓度差、电位差和温度差等。膜分离过程有多种，不同的过程所采用的膜及施加的推动力不同，通常称进料液流侧为膜上游、透过液流侧为膜下游。

微滤（MF）、超滤（UF）、纳滤（NF）与反渗透（RO）都是以压力差为推动力的膜分离过程，当膜两侧施加一定的压差时，可使一部分溶剂及小于膜孔径的组分透过膜，而微粒、大分子、盐等被膜截留下来，从而达到分离的目的。

四个过程的主要区别在于被分离物粒子或分子的大小和所采用膜的结构与性能不同。微滤膜的孔径范围为 $0.05\sim10\mu m$，所施加的压力差为 $0.015\sim0.2MPa$；超滤分离的组分是大分子或直径不大于 $0.1\mu m$ 的微粒，其压差范围约为 $0.1\sim0.5MPa$；反渗透常被用于截留溶液中的盐或其他小分子物质，所施加的压差与溶液中溶质的相对分子质量及浓度有关，通常的压差在 $2MPa$ 左右，也有高达 $10MPa$；介于反渗透与超滤之间的为纳滤过程，膜的脱盐率及操作压力通常比反渗透低，一般用于分离溶液中相对分子质量为几百至几千的物质。

(1) 微滤与超滤

微滤过程中，被膜所截留的通常是颗粒性杂质，可将沉积在膜表面上的颗粒层视为滤饼层，则其实质与常规过滤过程近似。本实验中，以含颗粒的浑浊液或悬浮液，经压差推动通过微滤膜组件，改变不同的料液流量，观察透过液测的清液情况。

对于超滤，筛分理论被广泛用来分析其分离机理。该理论认为，膜表面具有无数个微孔，这些实际存在的不同孔径的孔眼像筛子一样，截留住分子直径大于孔径的溶质和颗粒，从而达到分离的目的。应当指出的是，在有些情况下，孔径大小是物料分离的决定因素；但对另一些情况，膜材料表面的化学特性却起到了决定性的截留作用。如有些膜的孔径既比溶剂分子大，又比溶质分子大，本不应具有截留功能，但令人意外的是，它却仍具有明显的分离效果。由此可见，膜的孔径大小和膜表面的化学性质可分别起到不同的截留作用。

(2) 膜性能的表征

一般而言，膜组件的性能可用截留率（R）、透过液通量（J）和溶质浓缩倍数（N）来表示。

$$R=\frac{c_0-c_P}{c_0}\times100\% \tag{4-32}$$

式中　R——截流率；
　　c_0——原料液的浓度，$kmol/m^3$；
　　c_P——透过液的浓度，$kmol/m^3$。

对于不同溶质成分，在膜的正常工作压力和工作温度下，截留率不尽相同，因此这也是工业上选择膜组件的基本参数之一。

$$J=\frac{V_P}{St}[L/(m^2\cdot h)] \tag{4-33}$$

式中　J——透过液通量，$L/(m^2\cdot h)$；
　　V_P——透过液的体积，L；
　　S——膜面积，m^2；
　　t——分离时间，h。

其中，$Q=\frac{V_P}{t}$，即透过液的体积流量，在把透过液作为产品侧的某些膜分离过程中

（如污水净化、海水淡化等），该值用来表征膜组件的工作能力。一般膜组件出厂，均有纯水通量这个参数，即用日常自来水（显然钙离子、镁离子等成为溶质成分）通过膜组件而得出的透过液通量。

$$N = \frac{c_R}{c_P} \qquad (4-34)$$

式中　N——溶质浓缩倍数；

　　　c_R——浓缩液的浓度，$kmol/m^3$；

　　　c_P——透过液的浓度，$kmol/m^3$。

N 值比较了浓缩液和透过液的分离程度，在某些以获取浓缩液为产品的膜分离过程中（如大分子提纯、生物酶浓缩等），溶质浓缩倍数是重要的表征参数。

三、实验装置与流程

(1) 装置流程

本实验装置均为科研用膜，透过液通量和最大工作压力均低于工业现场实际使用情况，实验中不可将膜组件在超压状态下工作。流程如图 4-13 所示，主要工艺参数见表 4-8。

表 4-8　膜分离装置主要工艺参数

膜组件	膜材料	膜面积/m²	最大工作压力/MPa
微滤（MF）	中空纤维聚丙烯（PP）膜	2	0.6
超滤（UF）	中空纤维 PP 膜	7	0.5

对于微滤过程，可选用浓度 1% 左右的碳酸钙溶液，或 100 目左右的大白粉配成 2% 左右的悬浮液，作为实验采用的料液。透过液用烧杯接取，观察它随料液浓度或流量变化、透过液侧清澈程度变化。

本装置中的超滤孔径可分离分子量 5 万级别的大分子，医药科研上常用于截留大分子蛋白质或生物酶。作为演示实验，可选用分子量为 6.7 万～6.8 万的牛血清白蛋白配成 0.02% 的水溶液作为料液，浓度分析采用紫外分光光度计，即分别取各样品在紫外分光光度计下 280nm 处吸光度值，然后比较相对数值即可（也可事先作出浓度-吸光度标准曲线供查值）。该物料泡沫较多，分析时取底下液体即可。

(2) 实验仪器与试剂

膜分离装置；

1% 碳酸钙溶液或 2% 大白粉悬浮液；

中空纤维 PP 膜；

0.02% 牛血清白蛋白水溶液；

紫外分光光度计。

四、实验步骤

(1) 微滤

① 常规操作　在料液槽（V101）中加满料液后，打开进料泵进出口阀（HV002、HV004），打开微滤料液进口阀（HV008、HV012）和微滤清液出口阀（HV022、HV025），

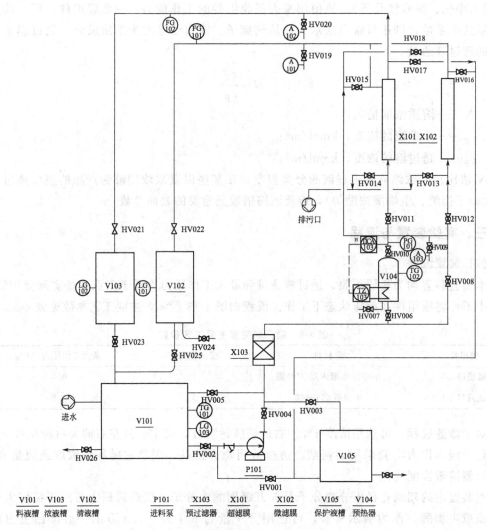

图 4-13　膜分离实验流程示意图

其他阀门全部关闭，则整个微滤单元回路已畅通。

在控制柜中打开进料泵（P101）开关，可观察到微滤进口压力表显示读数，通过进料泵的回流阀（HV005），控制料液通入流量从而保证膜组件在正常压力下工作。通过清液转子流量计，改变清液流量，可观察到对应压力表读数改变，可观察到清液浓度变化（注意：实验膜耐压范围 0～0.45MPa，清液流量小于 400L/h）。

②　加热操作　在料液槽（V101）中加满料液后，打开进料泵进出口阀（HV002、HV004），打开微滤料液进口阀（HV010、HV012）和微滤清液出口阀（HV022、HV025），其他阀门全部关闭，则整个微滤单元回路已畅通（注意：实验膜耐压范围 0～0.45MPa，清液流量小于 400L/h）。

在控制柜中打开进料泵（P101）开关，可观察到微滤进口压力表显示读数，通过进料泵的回流阀（HV005），控制料液通入流量从而保证膜组件在正常压力下工作。当有清液流出后，开启预热器加热管，缓慢加热，通过清液转子流量计，改变清液流量，可观察到对应压力表读数改变，可观察到清液浓度变化（注意：实验膜耐压范围 0～0.45MPa，清液流量小于 300L/h，温度小于 50℃）。

③ 酸洗操作 在保护液槽（V105）中加满酸洗液后，打开进料泵进出口阀（HV001、HV004），打开酸洗液进口阀（HV008、HV018）和酸洗液出口阀（HV013），其他阀门全部关闭，在控制柜中打开进料泵（P101）开关，则这个酸洗回路已畅通（注意：实验膜耐压范围 0～0.2MPa，流量小于 100L/h）。

④ 保护液操作 在保护液槽（V105）中加满保护液后，打开进料泵（P101）进出口阀（HV001、HV004），打开保护液进口阀（HV008、HV012）和保护液出口阀（HV016），其他阀门全部关闭，在控制柜中打开进料泵（P101）开关，则这个保护液回路已畅通（常用 1%甲醛）。

(2) 超滤

① 常规操作 在料液槽（V101）中加满料液后，打开进料泵进出口阀（HV002、HV004），打开超滤料液进口阀（HV008、HV011）、超滤清液出口阀（HV022、HV025）和超滤浓液出口阀（HV021、HV023），其他阀门全部关闭，则整个微滤单元回路已畅通。

在控制柜中打开进料泵（P101）开关，可观察到微滤进口压力表显示读数，通过进料泵的回流阀（HV005），控制料液通入流量从而保证膜组件在正常压力下工作。通过清液、浓液转子流量计，改变清、浓液流量比例，可观察到对应压力表读数改变，并在流量稳定时取样分析（注意：浓液流量∶清液流量＝3∶1～2∶1，实验膜耐压范围0～0.55MPa）。

② 加热操作 在料液槽（V101）中加满料液后，打开进料泵进出口阀（HV002、HV004），打开超滤料液进口阀（HV006、HV010、HV011）、超滤清液出口阀（HV022、HV025）和超滤浓液出口阀（HV021、HV023），其他阀门全部关闭，则整个微滤单元回路已畅通。

在控制柜中打开进料泵（P101）开关，可观察到微滤进口压力表显示读数，通过进料泵的回流阀（HV005），控制料液通入流量从而保证膜组件在正常压力下工作。当有清液流出后，开启预热器加热管，缓慢加热，通过清液转子流量计，改变清液流量，可观察到对应压力表读数改变，可观察到清液浓度变化（注意：实验膜耐压范围 0～0.55MPa，温度小于 50℃）。

③ 酸洗操作 在保护液槽（V105）中加满酸洗液后，打开进料泵进出口阀（HV001、HV004），打开酸洗液进口阀（HV015、HV008）和酸洗液出口阀（HV014），其他阀门全部关闭，在控制柜中打开进料泵（P101）开关，则这个酸洗回路已畅通（注意：实验膜耐压范围 0～0.55MPa，流量小于 100L/h）。

④ 保护液操作 在保护液槽（V105）中加满保护液后，打开进料泵（P101）进出口阀（HV001、HV004），打开保护液进口阀（HV008、HV011）和保护液出口阀（HV017），其他阀门全部关闭，在控制柜中打开进料泵（P101）开关，则这个保护液回路已畅通。

(3) 注意事项

① 每个单元分离过程前，均应用清水彻底清洗该段回路，方可进行料液实验。清水清洗管路可仍旧按实验单元回路，对于微滤组件则可拆开膜外壳，直接清洗滤芯，对于另一个膜组件则不可打开，否则膜组件和管路重新连接后可能造成漏水情况发生。

② 整个单元操作结束后，先用清水洗完管路，之后在保护液储槽中配置 0.5%～1%浓

度的甲醛溶液，经保护液泵逐个将保护液打入各膜组件中，使膜组件浸泡在保护液中。

以反渗透加保护液为例，说明该步操作如下：

打开保护液泵出口阀和保护液泵回流阀，控制保护液进入膜组件压力也在膜正常工作条件下；打开反渗透料液进口阀，则料液侧浸泡在保护液中；打开截止阀 HV001 和清液回流阀、反渗透清液出口阀，并打开清液排空阀，若清液侧也浸泡在保护液中，可观察到保护液通过清液排空软管溢流回保护液储槽中；打开截止阀 HV001 和浓液回流阀、反渗透浓液出口阀，并打开浓液排空阀，若浓液侧也浸泡在保护液中，则可观察到保护液通过浓液排空软管溢流回保护液储槽中。

③ 对于长期使用的膜组件，其吸附杂质较多，或者浓差极化明显，则膜分离性能显著下降。对于预滤和微滤组件，采取更换新内芯的手段；对于超滤、纳滤和反渗透组件，一般先采取反清洗手段，即将低浓度的料液溶液从透过液侧进入膜组件，同时关闭浓缩液侧出口阀，使料液反向通过膜内芯而从物料进口侧出液，在这个过程中，料液可溶解部分溶质而减少膜的吸附。若反清洗后膜组件仍无法恢复分离性能（如基本的截留率显著下降），则表面膜组件使用寿命已到尽头，需更换新内芯。

五、实验数据处理

根据上述实验测得的数据填入表 4-9。

表 4-9 膜分离前后压力与透过液通量

实验日期：_____ 实验人员：_____ 学号：_____ 装置号：_____
室温_____；大气压_____；膜前压力 $p_1 =$ _____ Pa；膜后压力 $p_2 =$ _____ Pa；膜面积 $s =$ _____ m²；
多次取样求取平均值，将所测的数据汇总到以下表格中。

过滤时间 T/min	清液体积 V_1/mL	浊液体积 V_2/mL	分离时间 t/s	总体积 V_3/mL	透过液通量 J/[L/(m²·h)]	平均透过液通量 J/[L/(m²·h)]
50	30	115	10.2	145	1.74	
50						
50						
40						
40						
40						
30						
30						
30						
20						
20						
20						
10						
10						
10						

改变不同的压力，可获得不同条件下的数据，作图。

数据处理举例：

以膜后压力为 0.04MPa，过滤时间为 50min 的第一组数据为例：

$$V_3 = V_1 + V_2 = 145\text{mL}$$

$$s = 0.1\text{m}^2$$

$$J_1 = \frac{V_3}{st} = \frac{145/1000}{\left(\dfrac{0.1 \times 50}{60}\right)} = 1.74\text{L}/(\text{m}^2 \cdot \text{h})$$

由相关理论可知，在相同的压力下，膜的透过量随时间的增加而降低，而现象明显。在不同的压力下，压力增大时，由于超滤膜的截留作用在加入大分子后，在膜的表面形成凝胶层，并且凝胶层的阻力随压力的升高而升高。此外，随着时间的增加，在相隔的时间内，膜的平均透过液通量不断减小。随着膜后操作压力的增加，浓液的流量增加速度快，膜通量也会随之发生变化。

六、思考题

1. 膜分离技术的优点有哪些？
2. 温度变化对微滤膜分离效果有什么影响？
3. 查阅资料，解释什么是浓差极化？有什么危害？有哪些消除方法？
4. 实验中如果操作压力过高或流量过大会有什么结果？

实验八　一氧化碳中-低温变换实验

一、实验目的

一氧化碳变换生成氢和二氧化碳的反应是石油化工与合成氨生产中的重要过程。本实验模拟中温-低温串联变换反应过程，用直流流动法同时测定中温变换铁基催化剂与低温变换铜基催化剂的相对活性，达到以下实验目的。

1. 进一步理解多相催化反应有关知识，初步接触工艺设计思想。
2. 掌握气固相催化反应动力学实验研究方法及催化剂活性的评价方法。
3. 获得两种催化剂上变换反应的速率常数 k_T 与活化能 E_a。

二、实验原理

一氧化碳的变换反应为

$$CO + H_2O \longrightarrow CO_2 + H_2$$

反应必须在催化剂的催化作用条件下进行。中温变换采用铁基催化剂，反应温度为 350～500℃，低温变换采用铜基催化剂，反应温度为 220～320℃。

设反应前气体混合物中各组分干基摩尔分数为 $y_{CO,d}^0$、$y_{CO_2,d}^0$、$y_{H_2O,d}^0$；初始汽气比为 R_0；反应后气体混合物中各组分干基摩尔分数为 $y_{CO,d}$、$y_{CO_2,d}$、$y_{H_2O,d}$、$y_{H_2,d}$，一氧化碳的变换率为

$$\alpha = \frac{y_{CO,d}^0 - y_{CO,d}}{y_{CO,d}^0(1 + y_{CO,d})} = \frac{y_{CO_2,d} - y_{CO_2,d}^0}{y_{CO_2,d}^0(1 - y_{CO_2,d})} \tag{4-35}$$

根据研究，铁基催化剂上一氧化碳中温变换反应本征动力学方程可表示为

$$r_1 = \frac{dN_{CO}}{dW} = \frac{dN_{CO_2}}{dW} = k_{T_1} p_{CO} p_{CO_2}^{-0.5} \left(1 - \frac{p_{CO_2} p_{H_2}}{K_p p_{CO} p_{H_2O}}\right) = k_{T_1} f_1(p_i) \tag{4-36}$$

式中　　r_1——反应速率，$mol/(g \cdot h)$；

N_{CO}，N_{CO_2}——CO、CO_2 的摩尔流量，$mol/(g \cdot h)$；

　　　　W——催化剂量，g；

　　　　p_i——各组分的分压。

铜基催化剂上一氧化碳低温变换反应本征动力学方程可表示为

$$r_2 = \frac{dN_{CO}}{dW} = \frac{dN_{CO_2}}{dW} = k_{T_2} p_{CO} p_{H_2O}^{0.2} p_{CO_2}^{-0.5} p_{H_2}^{-0.2} \left(1 - \frac{p_{CO_2} p_{H_2}}{K_p p_{CO} p_{H_2O}}\right) = k_{T_2} f_2(p_i) \tag{4-37}$$

$$k_p = \exp\left[2.3026\left(\frac{2185}{T} - \frac{0.1102}{2.3026}\ln T + 0.6218 \times 10^{-3} T - 1.0604 \times 10^{-7} T^2 - 2.218\right)\right] \tag{4-38}$$

式中　　T——反应温度，K。

在恒温下，由积分反应器的实验数据，可按下式计算反应速率常数 k_{T_i}：

$$k_{T_i} = \frac{V_{0,i} y_{CO}^0}{22.4 W} \int_0^{\alpha_{i\text{出}}} \frac{d\alpha_i}{f_i(p_i)} \tag{4-39}$$

式中　　$V_{0,i}$——反应器入口湿基标准态体积流量，L/h；

　　　　$\alpha_{i\text{出}}$——反应器出口 CO 的交换率。

采用图解法或编制程序计算，就可由式(4-39)得某一温度下的反应速率常数值。测得多个温度的反应速率常数值，根据阿伦尼乌斯方程 $k_T = k_0 e^{-\frac{E_a}{RT}}$ 即可求得指前因子 k_0 和活化能 E_a。

由于中温变换以后引出部分气体分析，故低温变换气体的流量需重新计量，低温变换气体的入口组成需由中温变换气体经物料衡算得到，即等于中温变换气体的出口组成：

$$y_{1H_2O} = y_{H_2O}^0 - y_{CO}^0 \alpha_1 \tag{4-40}$$

$$y_{1CO} = y_{CO}^0 (1 - \alpha_1) \tag{4-41}$$

$$y_{1CO_2} = y_{CO_2}^0 + y_{CO}^0 \alpha_1 \tag{4-42}$$

$$y_{1H_2} = y_{H_2}^0 + y_{CO}^0 \alpha_1 \tag{4-43}$$

$$V_2 = V_1 - V_分 = V_0 - V_分 \tag{4-44}$$

$$V_分 = V_{分,d}(1 + R_1) = V_{分,d}\frac{1}{1 - (y_{H_2O}^0 - y_{CO}^0 \alpha_1)} \tag{4-45}$$

式中　　α_1——中温变换反应器中一氧化碳的变换率；

　　　　V_0——中温变换反应器入口气体湿基流量，L/h；

　　　　V_1——中温变换反应器中湿基气体的流量，L/h；

　　　　V_2——低温变换反应器中湿基气体的流量，L/h；

　　　　$V_分$——中温变换反应后引出分析气体的湿基流量，L/h；

　　　$V_{分,d}$——中温变换反应后引出分析气体的干基流量，L/h。

转子流量计计量的 $V_{分,d}$，需进行分子量换算，从而需求出中温变换出口各组分干基分率 $y_{1i,d}$：

$$y_{1CO,d} = \frac{y_{CO,d}^0 (1 - \alpha_1)}{1 + y_{CO,d}^0 \alpha_1} \tag{4-46}$$

$$y_{1CO_2,d} = \frac{y^0_{CO_2,d} + y^0_{CO,d}\alpha_1}{1 + y^0_{CO,d}\alpha_1} \tag{4-47}$$

$$y_{1H_2,d} = \frac{y^0_{H_2,d} + y^0_{CO,d}\alpha_1}{1 + y^0_{CO,d}\alpha_1} \tag{4-48}$$

$$y_{1N_2,d} = \frac{y^0_{N_2,d}}{1 + y^0_{CO,d}\alpha_1} \tag{4-49}$$

同中温变换计算方法，可得到低温变换反应速率常数及活化能。

三、实验装置与流程

(1) 实验装置

实验装置如图 4-14 所示。

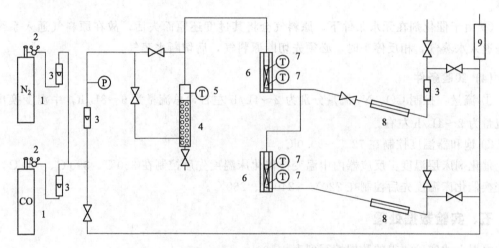

图 4-14　一氧化碳中-低温变换实验装置示意图

1—钢瓶；2—减压阀；3—流量计；4—饱和器；

5—铂电阻；6—反应器；7—热电偶；8—分离器；9—气相色谱仪

(2) 实验流程

实验用原料气 N_2、CO 取自钢瓶，两种气体分别经过减压阀稳压，经过各自流量计计量后，混合均匀后经总流量计计量，进入水饱和器，定量加入水汽，再由保温管进入中温变换反应器。反应后的少量气体引出冷却、分离水分后进行计量、分析，大量气体再送入低温变换反应器，反应后的气体冷却分离水分，经分析后排放。

四、实验步骤

(1) 开车及实验步骤

① 检查系统是否处于正常状态；

② 开启氮气钢瓶，置换系统约 5min；

③ 接通电源，缓慢升高反应器温度；

④ 中、低温变换床层温度升至 150℃时，开启水饱和器加热，水饱和器温度恒定在实验温度下；

⑤ 调节中、低温变换反应器温度到实验条件后，通入 CO，稳定 20min 左右，随后进行分析，记录实验条件和分析数据。

(2) 停车步骤

① 关闭 CO 钢瓶，关闭反应器加热；

② 稍后关闭水饱和器加热电源；

③ 待反应床温低于 200℃ 以下，关闭冷却水，关闭氮气钢瓶，关闭各仪表电源及总电源。

(3) 注意事项

① 由于实验过程有水蒸气加入，为避免水蒸气在反应器内冷凝使催化剂结块，必须在反应床温升至 150℃ 以后才能启用水饱和器，而停车时，在床温降到 150℃ 以前关闭饱和器。

② 由于催化剂在无水条件下，原料气会将其过度还原而失活，故在原料气通入系统前要先通入水蒸气，相反停车时，必须先切断原料气，后切断水蒸气。

(4) 实验条件

① 流量：控制 CO、N_2 流量分别为 2~4L/h 左右，总流量为 6~8L/h，中温变换出口分流量为 2~4L/h 左右。

② 饱和器温度控制在 72.8~90.0℃。

催化剂床层温度：反应器内中温变换催化床温度先后控制在 360℃、390℃、420℃，低温变换催化床温度先后控制在 220℃、240℃、260℃。

五、实验数据处理

根据上述实验测得的数据填写到表 4-10。

表 4-10 一氧化碳中-低温变换实验数据记录表

实验日期：_____ 实验人员：_____ 学号：_____ 装置号：_____

室温_____；大气压_____

序号	反应器温度/℃		流量/(L/h)				饱和器温度/℃	系统静压/kPa	CO_2 分析值/%	
	中变	低变	N_2	CO	总	分			中变	低变
1										
2										
3										

六、实验报告

1. 说明实验目的与要求；

2. 描绘实验流程与设备；

3. 叙述实验原理与方法；

4. 记录实验过程与现象；

5. 列出原始实验数据；

6. 理清计算思路，列出主要公式，计算一点数据得到结果；

7. 计算不同温度下的反应速率常数，从而计算出频率因子与活化能；

8. 根据实验结果，浅谈中-低温变换串联反应工艺条件；

9. 分析本实验结果，讨论本实验方法。

七、思考题

1. 本实验的目的是什么？

2. 氮气在本实验中的作用？

3. 饱和器的作用和原理是什么？

4. 反应器采用哪种形式？

5. 在进行本征动力学测定时，应用哪些原则选择实验条件？

6. 本实验反应后为什么只分析一个量？

7. 试分析实验操作过程中应注意哪些事项？

8. 试分析本实验中的误差来源与影响程度？

附　录

附录一　基础知识和技术

一、气体钢瓶减压阀的使用

在物理化学实验中，经常要用到氧气、氮气、氢气、氩气等气体。这些气体一般都是储存在专用的高压气体钢瓶中。使用时通过减压阀使气体压力降至实验所需范围，再经过其他控制阀门细调，使气体输入使用系统。最常用的减压阀为氧气减压阀，简称氧气表。

(1) 氧气减压阀的工作原理

氧气减压阀的外形及工作原理见附图 1-1 和附图 1-2。

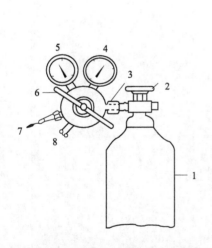

附图 1-1　安装在气体钢瓶上的氧气减压阀外形示意图

1—钢瓶；2—钢瓶开关；3—钢瓶与减压表
连接螺母；4—高压表；5—低压表；
6—低压表压力调节螺杆；
7—出口；8—安全阀

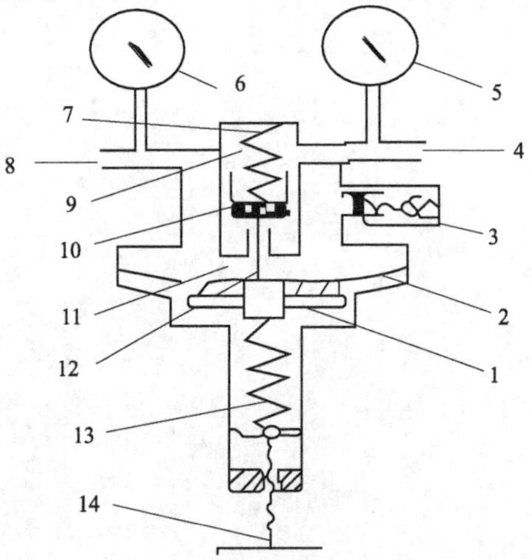

附图 1-2　氧气减压阀工作原理示意图

1—弹簧垫块；2—传动薄膜；3—安全阀；4—进口（接气体钢
瓶）；5—高压表；6—低压表；7—压缩弹簧；8—出口（接
使用系统）；9—高压气室；10—活门；11—低压气室；
12—顶杆；13—主弹簧；14—低压表压力调节螺杆

氧气减压阀的高压腔与钢瓶连接，低压腔为气体出口，并通往使用系统。高压表的示值为钢瓶内储存气体的压力。低压表的出口压力可由调节螺杆控制。

使用时先打开钢瓶总开关，然后顺时针转动低压表压力调节螺杆，使其压缩主弹簧并传动薄膜、弹簧垫块和顶杆而将活门打开。这样进口的高压气体由高压室经节流减压后进入低压室，并经出口通往工作系统。转动调节螺杆，改变活门开启的高度，从而调节高压气体的通过量并达到所需的压力值。

减压阀都装有安全阀。它是保护减压阀并使之安全使用的装置，也是减压阀出现故障的信号装置。如果由于活门垫、活门损坏或由于其他原因导致出口压力自行上升并超过一定许可值时，安全阀会自动打开排气。

(2) 氧气减压阀的使用方法

① 按使用要求的不同，氧气减压阀有许多规格。最高进口压力大多为 150kgf/cm² （约 150×10^5 Pa），最低进口压力不小于出口压力的 2.5 倍。出口压力规格较多，一般为 $0 \sim$ 10kgf/cm² ［约$(0 \sim 10) \times 10^5$ Pa］，最高出口压力为 40kgf/cm² （约 40×10^5 Pa）。

② 安装减压阀时应确定其连接规格是否与钢瓶和使用系统的接头相一致。减压阀与钢瓶采用半球面连接，靠旋紧螺母使二者完全吻合。因此，在使用时应保持两个半球面的光洁，以确保良好的气密效果。安装前可用高压气体吹除灰尘。必要时也可用聚四氟乙烯等材料做垫圈。

③ 氧气减压阀应严禁接触油脂，以免发生火警事故。

④ 停止工作时，应将减压阀中余气放净，然后拧松调节螺杆以免弹性元件长久受压变形。

⑤ 减压阀应避免撞击振动，不可与腐蚀性物质相接触。

(3) 其他气体减压阀

有些气体，例如氮气、空气、氩气等永久性气体，可以采用氧气减压阀。但还有一些气体，如氨等腐蚀性气体，则需要专用减压阀。市面上常见的有氮气、空气、氢气、氨、乙炔、丙烷、水蒸气等专用减压阀。

这些减压阀的使用方法及注意事项与氧气减压阀基本相同。但是，还应该指出：专用减压阀一般不用于其他气体。为了防止误用，有些专用减压阀与钢瓶之间采用特殊连接口。例如氢气和丙烷均采用左牙螺纹，也称反向螺纹，安装时应特别注意。

二、光学测量

光与物质相互作用可以产生各种光学现象（如光的折射、反射、散射、透射、吸收、旋光以及物质受激辐射等），通过分析研究这些光学现象，可以提供原子、分子及晶体结构等方面的大量信息。所以，不论在物质的成分分析、结构测定及光化学反应等方面，都离不开光学测量。下面介绍物理化学实验中常用的光学测量仪器——阿贝折射仪。

折射率是物质的重要物理常数之一，许多纯物质都具有一定的折射率，如果其中含有杂质则折射率将发生变化，出现偏差，杂质越多，偏差越大。因此通过折射率的测定，可以测定物质的浓度。

① 阿贝折射仪的构造原理　当一束单色光从介质1进入介质2（两种介质的密度不同）

时，光线在通过界面时改变了方向，这一现象称为光的折射。阿贝折射仪的外形如附图 1-3 所示。

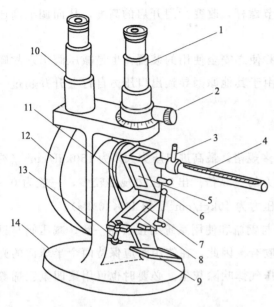

附图 1-3 阿贝折射仪的外形
1—测量望远镜；2—消散手柄；3—恒温水入口；
4—温度计；5—测量棱镜；6—铰链；
7—辅助棱镜；8—加液槽；9—反射镜；
10—读数望远镜；11—转轴；
12—刻度盘罩；13—闭合旋钮；
14—底座

光的折射现象遵从折射定律：

$$\frac{\sin\alpha}{\sin\beta}=\frac{n_2}{n_1}=n_{12} \tag{1}$$

式中，α 为入射角；β 为折射角；n_1、n_2 为交界面两侧两种介质的折射率；n_{12} 为介质 2 对介质 1 的相对折射率。

若介质 1 为真空，因规定 $n=1.0000$，故 $n_{12}=n_2$ 为绝对折射率。但介质 1 通常为空气，空气的绝对折射率为 1.00029，这样得到的各物质的折射率称为常用折射率，也称作对空气的相对折射率。同一物质两种折射率之间的关系为：

绝对折射率＝常用折射率×1.00029

根据式（1）可知，当光线从一种折射率小的介质 1 射入折射率大的介质 2 时（$n_1<n_2$），入射角一定大于折射角（$\alpha>\beta$）。当入射角增大时，折射角也增大，设当入射角 $\alpha=90°$ 时，折射角为 β_0，将此折射角称为临界角。因此，当在两种介质的界面上以不同角度射入光线时（入射角 α 从 0°～90°），光线经过折射率大的介质后，其折射角 $\beta\leqslant\beta_0$。其结果是大于临界角的部分无光线通过，成为暗区；小于临界角的部分有光线通过，成为亮区。临界角成为明暗分界线的位置，如附图 1-4 所示。

根据式（1）可得：

$$n_1=n_2\frac{\sin\beta_0}{\sin90°}=n_2\sin\beta_0 \tag{2}$$

因此在固定一种介质时，临界折射角 β_0 的大小与被测物质的折射率是简单的函数关系，阿贝折射仪就是根据这个原理而设计的。

② 阿贝折射仪的结构　阿贝折射仪的光学系统如附图 1-5 所示，它的主要部分是由两个折射率为 1.75 的玻璃直角棱镜所构成，上部为测量棱镜，是光学平面镜，下部为辅助棱镜。其斜面是粗糙的毛玻璃，两者之间约有 0.1～0.15mm 厚度空隙，用于装待测液体，并使液体展开成一薄层。当从反射镜反射来的入射光进入辅助棱镜至粗糙表面时，产生漫散射，以各种角度透过待测液体，而从各个方向进入测量棱镜而发生折射。其折射角都落在临界角 β_0 之内，因为棱镜的折射率大于待测液体的折射率，因此入射角从 0°～90°的光线都通过测量棱镜发生折射。具有临界角 β_0 的光线从测量棱镜出来反射到目镜上，此时若将目镜十字线调节到适当位置，则会看到目镜上呈半明半暗状态。折射光都应落在临界角

β_0 内，成为亮区，其他部分为暗区，构成了明暗分界线。

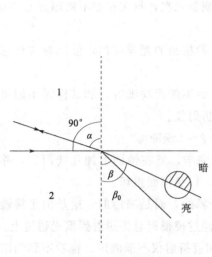

附图 1-4　光的折射

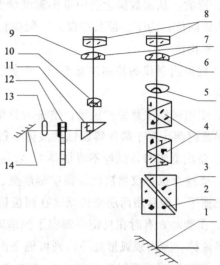

附图 1-5　阿贝折射仪光学系统示意图

1—反射镜；2—辅助棱镜；3—测量棱镜；4—消色散棱镜；
5,10—物镜；6,9—分划板；7,8—目镜；11—转向
棱镜；12—照明度盘；13—毛玻璃；14—小反光镜

根据式（3）可知，只要已知棱镜的折射率 $n_{棱}$，通过测定待测液体的临界角 β_0，就能求得待测液体的折射率 $n_{液}$。实际上测定 β_0 值很不方便，当折射光从棱镜出来进入空气又产生折射，折射角为 β_0'。$n_{液}$ 与 β_0' 之间的关系为：

$$n_{液} = \sin\gamma \times (n_{棱}^2 - \sin^2\beta_0')^{\frac{1}{2}} - \cos\gamma \times \sin\beta_0' \tag{3}$$

式中，γ 为常数；$n_{棱} = 1.75$。测出 β_0' 即可求出 $n_{液}$。因为在设计折射仪时已将 β_0' 换算成 $n_{液}$ 值，故从折射仪的标尺上可直接读出液体的折射率。

在实际测量折射率时，使用的入射光不是单色光，而是使用由多种单色光组成的普通白光，因不同波长的光的折射率不同而产生色散，在目镜中看到一条彩色的光带，而没有清晰的明暗分界线，为此，在阿贝折射仪中安置了一套消色散棱镜（又叫补偿棱镜）。通过调节消色散棱镜，使测量棱镜出来的色散光线消失，明暗分界线清晰，此时测得的液体的折射率相当于用单色光钠光 D 线（589nm）所测得的折射率 n_D。

③ 阿贝折射仪的使用方法

a. 仪器安装：将阿贝折射仪安放在光亮处，但应避免阳光的直接照射，以免液体试样受热迅速蒸发。用超级恒温槽将恒温水通入棱镜夹套内，检查棱镜上温度计的读数是否符合要求 [一般选用（20.0±0.1）℃或（25.0±0.1）℃]。

b. 加样：旋开测量棱镜和辅助棱镜的闭合旋钮，使辅助棱镜的磨砂斜面处于水平位置，若棱镜表面不清洁，可滴加少量丙酮，用擦镜纸顺单一方向轻擦镜面（不可来回擦）。待镜面洗净干燥后，用滴管滴加数滴试样于辅助棱镜的毛镜面上，迅速合上辅助棱镜，旋紧闭合旋钮。若液体易挥发，动作要迅速，或先将两棱镜闭合，然后用滴管从加液孔中注入试样（注意：切勿将滴管折断在孔内）。

c. 调光：转动镜筒使之垂直，调节反射镜使入射光进入棱镜，同时调节目镜的焦距，使目镜中十字线清晰明亮。调节消色散补偿器使目镜中彩色光带消失。再调节读数螺旋，

使明暗的界面恰好同十字线交叉处重合。

d. 读数：从读数望远镜中读出刻度盘上的折射率数值。常用的阿贝折射仪可读至小数点后的第四位，为了使读数准确，一般应将试样重复测量三次，每次相差不能超过 0.0002，然后取平均值。

④ 阿贝折射仪的使用注意事项　阿贝折射仪是一种精密的光学仪器，使用时应注意以下几点：

a. 使用时要注意保护棱镜，清洗时只能用擦镜纸而不能用滤纸等。加试样时不能将滴管口触及镜面。对于酸碱等腐蚀性液体不得使用阿贝折射仪。

b. 每次测定时，试样不可加得太多，一般只需加 2~3 滴即可。

c. 要注意保持仪器清洁，保护刻度盘。每次实验完毕，要在镜面上加几滴丙酮，并用擦镜纸擦干。最后用两层擦镜纸夹在两棱镜镜面之间，以免镜面损坏。

d. 读数时，有时在目镜中观察不到清晰的明暗分界线，而是畸形的，这是由于棱镜间未充满液体；若出现弧形光环，则可能是由于光线未经过棱镜而直接照射到聚光透镜上。

e. 若待测试样折射率不在 1.3~1.7 范围内，则阿贝折射仪不能测定，也看不到明暗分界线。

⑤ 阿贝折射仪的校正和保养　阿贝折射仪的刻度盘的标尺零点有时会发生移动，须加以校正。校正的方法一般是用已知折射率的标准液体，常用纯水。通过仪器测定纯水的折射率，读取数值，如同该条件下纯水的标准折射率不符，调整刻度盘上的数值，直至相符为止。也可用仪器出厂时配备的折射玻璃来校正，具体方法一般在仪器说明书中有详细介绍。

阿贝折射仪使用完毕后，要注意保养。应清洁仪器，如果光学零件表面有灰尘，可用高级鹿皮或脱脂棉轻擦后，再用洗耳球吹去。如有油污，可用脱脂棉蘸少许汽油轻擦后再用乙醚擦干净。用毕后将仪器放入有干燥剂的箱内，放置于干燥、空气流通的室内，防止仪器受潮。搬动仪器时应避免强烈振动和撞击，防止光学零件损伤而影响精度。

附录二　国际单位制和基本常数

1. SI 基本单位

量		单位	
名称	符号	名称	符号
长度	l	米	m
质量	m	千克(公斤)	kg
时间	t	秒	s
电流	I	安[培]	A
热力学温度	T	开[尔文]	K
物质的量	n	摩[尔]	mol
发光强	I_v	坎[德拉]	cd

2. 常用的 SI 导出单位

量		单位		
名称	符号	名称	符号	定义式
频率	ν	赫[兹]	Hz	s^{-1}
能量	E	焦[耳]	J	$kg \cdot m^2 \cdot s^{-2}$
力	F	牛[顿]	N	$kg \cdot m \cdot s^{-2} = J \cdot m^{-1}$
压力	p	帕[斯卡]	Pa	$kg \cdot m^{-1} \cdot s^{-2} = N \cdot m^{-2}$
功率	P	瓦[特]	W	$kg \cdot m^2 \cdot s^{-3} = J \cdot s^{-1}$
电量	Q	库[仑]	C	$A \cdot s$
电位(压、动势)	U	伏[特]	V	$kg \cdot m^2 \cdot s^{-3} \cdot A^{-1} = J \cdot A^{-1} \cdot s^{-1}$
电阻	R	欧[姆]	Ω	$kg \cdot m^2 \cdot s^{-3} \cdot A^{-2} = V \cdot A^{-1}$
电导	G	西[门子]	S	$kg^{-1} \cdot m^{-2} \cdot s^3 \cdot A^2 = \Omega^{-1}$
电容	C	法[拉]	F	$A^2 \cdot s^4 \cdot kg^{-1} \cdot m^{-2} = A \cdot s \cdot V^{-1}$
磁通量	Φ	韦[伯]	Wb	$kg \cdot m^2 \cdot s^{-2} \cdot A^{-1} = V \cdot s$
电感	L	亨[利]	H	$kg \cdot m^2 \cdot s^{-2} \cdot A^{-2} = V \cdot A^{-1} \cdot s$
磁通量密度 (磁感应强度)	B	特[斯拉]	T	$kg \cdot s^{-2} \cdot A^{-1} = V \cdot s \cdot m^{-2}$

3. 国际制词冠

因数	词冠	名称	词冠代号	因数	词冠	名称	词冠代号
10^{12}	tera	（太）	T	10^{-1}	deci	（分）	d
10^9	giga	（吉）	G	10^{-2}	centi	（厘）	c
10^6	mega	（兆）	M	10^{-3}	milli	（毫）	m
10^3	kilo	（千）	k	10^{-6}	micro	（微）	μ
10^2	hecto	（百）	h	10^{-9}	nano	（纳）	n
10^1	deca	（十）	da	10^{-12}	pico	（皮）	p
				10^{-15}	femto	（飞）	f
				10^{-18}	atto	（阿）	a

4. 单位换算表

单位名称	符号	折合 SI 单位制	单位名称	符号	折合 SI 单位制
力的单位			功能单位		
1公斤力	kgf	$=9.80665N$	1公斤力·米	kgf·m	$=9.80665J$
1达因	dyn	$=10^{-5}N$	1尔格	erg	$=10^{-7}J$
黏度单位			1升·大压	L·atm	$=101.328J$
泊	P	$=0.1N \cdot s \cdot m^{-2}$	1瓦特·小时	W·h	$=3600J$
厘泊	cP	$=10^{-3}N \cdot s \cdot m^{-2}$	1卡	cal	$=4.1868J$

单位名称	符号	折合 SI 单位制	单位名称	符号	折合 SI 单位制
压力单位			功能单位		
毫巴	mbar	$=100N \cdot m^{-2}(Pa)$	1公力·米·秒$^{-1}$	$kgf \cdot m \cdot s^{-1}$	$=9.80665W$
1达因·厘米$^{-2}$	$dyn \cdot cm^{-2}$	$=0.1N \cdot m^{-2}(Pa)$	1尔格·秒$^{-1}$	$erg \cdot s^{-1}$	$=10^{-7}W$
1公斤力·厘米$^{-2}$	$kgf \cdot cm^{-2}$	$=98066.5N \cdot m^{-2}(Pa)$	1大卡·小时$^{-1}$	$kcal \cdot h^{-1}$	$=1.163W$
1工程大压	af	$=98066.5N \cdot m^{-2}(Pa)$	1卡·秒$^{-1}$	$cal \cdot s^{-1}$	$=4.1868W$
标准大气压	atm	$=101324.7N \cdot m^{-2}(Pa)$	电磁单位		
1毫米水柱	mmH_2O	$=9.80665N \cdot m^{-2}(Pa)$	1伏·秒	$V \cdot s$	$=1Wb$
1毫米汞柱	mmHg	$=133.322N \cdot m^{-2}(Pa)$	1安·小时	$A \cdot h$	$=3600C$
比热容单位			1德拜	D	$=3.334 \times 10^{-30}C \cdot m$
1卡·克$^{-1}$·度$^{-1}$	$cal \cdot g^{-1} \cdot ℃^{-1}$	$=4186.8J \cdot kg^{-1} \cdot ℃^{-1}$	1高斯	G	$=10^{-4}T$
1尔格·克$^{-1}$·度$^{-1}$	$erg \cdot g^{-1} \cdot ℃^{-1}$	$=10^{-4}J \cdot kg^{-1} \cdot ℃^{-1}$	1奥斯特	Oe	$=1000(4\pi)^{-1}A$

5. 不同温度 (t) 时水的蒸汽压力

$t/℃$	$t-0.0℃$		$t-0.2℃$		$t-0.4℃$		$t-0.6℃$		$t-0.8℃$	
	mmHg	Pa	mmHg	Pa	mmHg	Pa	mmHg	Pa	mmHg	Pa
−15	1.436	191.45	1.414	188.52	1.390	185.32	1.368	182.38	1.345	179.32
−14	1.560	209.98	1.534	204.52	1.511	201.45	1.485	197.98	1.460	194.65
−13	1.691	225.45	1.665	221.98	1.637	218.25	1.611	214.78	1.585	211.32
−12	1.834	244.51	1.804	240.51	1.776	236.78	1.748	233.05	1.720	229.31
−11	1.987	264.91	1.955	260.64	1.924	256.51	1.893	252.38	1.863	248.38
−10	2.149	286.51	2.116	282.11	2.084	277.84	2.050	273.31	2.018	269.04
−9	2.326	310.11	2.289	305.17	2.254	300.51	2.219	295.84	2.184	291.18
−8	2.514	335.17	2.475	329.97	2.437	324.91	2.399	319.84	2.362	314.91
−7	2.715	361.97	2.674	356.50	2.633	351.04	2.593	345.70	2.533	340.37
−6	2.931	390.77	2.887	384.90	2.843	379.03	2.800	373.30	2.757	367.57
−5	3.163	421.70	3.115	415.30	3.069	409.17	3.022	402.90	2.976	396.77
−4	3.410	454.63	3.359	447.83	3.309	441.16	3.259	434.50	3.211	428.10
−3	3.673	489.69	3.620	482.63	3.567	475.56	3.514	468.49	3.461	461.43
−2	3.956	527.42	3.898	519.69	3.841	512.09	3.785	504.62	3.730	497.29
−1	4.258	567.69	4.196	559.42	4.135	551.29	4.075	543.29	4.016	535.42
−0	4.579	610.48	4.513	601.68	4.448	593.02	4.385	584.62	4.320	575.95

$t/℃$	$t+0.0℃$		$t+0.2℃$		$t+0.4℃$		$t+0.6℃$		$t+0.8℃$	
	mmHg	Pa	mmHg	Pa	mmHg	Pa	mmHg	Pa	mmHg	Pa
0	4.579	610.48	4.647	619.35	4.715	628.61	4.785	637.95	4.855	647.28
1	4.926	656.74	4.998	666.34	5.070	675.94	5.144	685.81	5.219	685.81
2	5.294	705.81	5.370	716.94	5.447	726.20	5.525	736.60	5.605	747.27

t/℃	t+0.0℃		t+0.2℃		t+0.4℃		t+0.6℃		t+0.8℃	
	mmHg	Pa	mmHg	Pa	mmHg	Pa	mmHg	Pa	mmHg	Pa
3	5.685	757.94	5.766	768.73	5.848	779.67	5.931	790.73	6.015	801.93
4	6.101	713.40	6.187	824.86	6.274	836.46	6.363	848.33	6.453	860.33
5	6.543	872.33	6.635	884.59	6.728	896.99	6.822	909.52	6.917	922.19
6	7.013	934.99	7.111	948.05	7.209	961.12	7.309	974.45	7.411	988.05
7	7.513	1001.65	7.617	1015.51	7.722	1029.51	7.828	1043.64	7.936	1058.04
8	8.045	1072.58	8.155	1087.24	8.267	1102.17	8.380	1117.24	8.494	1132.44
9	8.609	1147.77	8.727	1163.50	8.845	1179.23	8.965	1195.23	9.086	1211.36
10	9.209	1227.76	9.333	1244.29	9.458	1260.96	9.585	1277.89	9.714	1295.09
11	9.844	1312.42	9.976	1330.02	10.109	1347.75	10.244	1365.75	10.380	1383.88
12	10.518	1402.28	10.658	1420.95	10.799	1439.74	10.941	1458.68	11.085	1477.87
13	11.231	1497.34	11.379	1517.07	11.528	1536.94	11.680	1557.20	11.833	1577.60
14	11.987	1598.13	12.144	1619.06	12.302	1640.13	12.462	1661.46	12.624	1683.06
15	12.788	1704.92	12.953	1726.92	13.121	1749.32	13.290	1771.85	13.491	1794.65
16	13.634	1817.71	13.809	1841.04	13.987	1864.77	14.166	1888.64	14.347	1912.77
17	14.530	1937.17	14.715	1961.83	14.903	1986.90	15.092	2012.10	15.284	2037.69
18	15.477	2063.42	15.673	2089.56	15.871	2115.95	16.071	2142.62	16.272	2169.42
19	16.477	2196.75	16.685	2224.48	16.894	2252.34	17.105	2280.47	17.315	2309.00
20	17.535	2337.80	17.753	2366.87	17.974	2396.33	18.197	2426.06	18.422	2456.06
21	18.650	2486.46	18.880	2517.12	19.113	2548.18	19.349	2579.65	19.587	2611.38
22	19.827	2643.38	20.070	2675.77	20.316	2708.57	20.565	2741.77	20.815	2775.10
23	21.068	2808.83	21.324	2842.96	21.583	2877.49	21.845	2912.42	22.110	2947.75
24	22.377	2983.35	22.648	3019.48	22.922	3056.01	23.198	3092.80	23.476	3129.37
25	23.756	3167.20	24.039	3204.93	24.306	3243.19	24.617	3281.99	24.912	3321.32
26	25.209	3360.91	25.509	3400.91	25.812	3441.31	26.117	3481.97	26.426	3523.27
27	26.739	2564.90	27.055	3607.03	27.374	3649.56	27.696	3629.49	28.021	3735.82
28	28.349	3779.55	28.680	3823.67	29.015	3868.34	29.354	3913.53	29.697	3959.26
29	30.043	4005.39	30.392	4051.92	30.745	4098.98	23.934	4146.58	31.461	4194.44
30	31.824	4242.84	32.191	4291.77	32.561	4341.10	31.102	4390.83	33.312	4441.22
31	33.695	4492.28	34.085	4544.28	34.471	4595.74	34.864	4648.14	35.261	4701.07
32	35.663	4754.66	36.068	4808.66	36.477	4863.19	36.891	4918.38	37.308	4973.98
33	37.729	5030.11	38.155	5086.90	38.584	5144.10	39.018	5201.96	39.457	5260.49
34	39.898	5319.28	40.344	5378.74	40.796	5439.00	41.251	5499.67	41.710	5560.86
35	42.175	5622.86	42.644	5685.38	43.117	5748.44	43.595	5812.17	44.078	5876.57
36	44.563	5941.23	45.054	6006.69	45.549	6072.68	46.050	6139.48	46.556	6206.94
37	47.067	6275.07	47.582	6343.73	48.102	6413.05	48.627	6483.05	49.157	6553.71

$t/℃$	$t+0.0℃$		$t+0.2℃$		$t+0.4℃$		$t+0.6℃$		$t+0.8℃$	
	mmHg	Pa	mmHg	Pa	mmHg	Pa	mmHg	Pa	mmHg	Pa
38	49.692	6625.04	50.231	6696.90	50.774	6769.29	51.323	6842.49	51.879	6916.61
39	52.442	6991.67	53.009	7067.22	53.580	7143.39	54.156	7220.19	54.737	7297.65
40	55.324	7375.91	55.91	7454.0	56.51	7534.0	57.11	7614.0	57.72	7695.3
41	58.34	7778.0	58.96	7860.7	59.58	7943.3	60.22	8028.7	60.86	8114.0
42	61.50	8199.3	62.14	8284.6	62.80	8372.6	63.46	8460.6	64.12	8548.6
43	64.80	8639.3	65.48	8729.9	66.16	8820.6	66.86	8913.9	67.56	9007.2
44	68.26	9100.6	68.97	9195.2	69.69	9291.2	70.41	9387.2	71.14	9484.5
45	71.88	9583.2	72.62	9681.8	73.36	9780.5	74.12	9881.8	74.88	9983.2
46	75.65	10085.8	76.43	10189.8	77.21	10293.8	78.00	10399.1	78.80	10505.8
47	79.60	10612.4	80.41	10720.4	81.23	10829.7	82.05	10939.1	82.87	11048.4
48	83.71	11160.4	84.56	11273.7	85.42	11388.4	86.28	11503.0	87.14	11617.7
49	88.02	11735.0	88.90	11852.3	89.79	11971.0	90.69	12091.0	91.59	12211.0
50	92.51	12333.6	93.5	12465.6	94.4	12585.6	95.3	12705.6	96.3	12838.9
51	97.20	12958.9	98.2	13092.2	99.1	13212.2	100.1	13345.5	101.1	13478.9
52	102.09	13610.8	103.1	13745.5	104.1	13878.8	105.1	14012.1	106.2	14158.8
53	107.20	14292.1	108.2	14425.4	109.3	14572.1	110.4	14718.7	111.4	14852.1
54	112.51	15000.1	113.6	15145.4	114.7	15292.0	115.8	15438.7	116.9	15585.3
55	118.04	15737.3	119.0	15878.7	120.3	16038.6	121.5	16198.6	122.6	16345.3
56	123.80	16505.3	125.0	16665.3	126.2	16825.2	127.4	16985.2	128.6	17145.2
57	129.82	17307.9	131.0	17465.2	132.3	17638.5	133.5	17798.5	134.7	17958.5
58	136.03	18142.5	137.3	18305.1	138.5	18465.1	139.9	18651.7	141.2	18825.1
59	142.60	19011.7	143.9	19185.0	145.2	19358.4	146.6	19545.0	148.0	19731.7
60	149.38	19915.6	150.7	20091.6	152.1	20278.3	153.5	20464.9	155.0	20664.9
61	156.43	20855.6	157.8	21038.2	159.3	21238.2	160.8	21438.2	162.3	21638.2
62	163.77	21834.1	165.2	22024.8	166.8	22238.1	168.3	22438.1	169.8	22638.1
63	171.38	22848.7	172.9	23051.4	174.5	23264.7	176.1	23478.0	177.7	23691.3
64	179.31	23906.0	180.9	24117.9	182.5	24331.3	184.2	24557.9	185.8	24771.2
65	187.54	25003.2	189.2	25224.5	190.9	25451.2	192.6	25677.8	194.3	25904.5
66	196.09	26143.1	197.8	26371.1	199.5	26597.7	201.3	26837.7	203.1	27077.7
67	204.96	27325.7	206.8	27571.0	208.6	27811.0	210.5	28064.3	212.3	28304.3
68	214.17	28553.6	216.0	28797.6	218.0	29064.2	219.9	29317.5	221.8	29570.8
69	223.73	29328.1	225.7	30090.8	227.7	30357.4	229.7	30624.1	231.7	30890.7
70	233.7	31157.4	235.7	31424.0	237.7	31690.6	239.7	31957.3	241.8	32237.3

$t/℃$	$t+0.0℃$		$t+0.2℃$		$t+0.4℃$		$t+0.6℃$		$t+0.8℃$	
	mmHg	Pa	mmHg	Pa	mmHg	Pa	mmHg	Pa	mmHg	Pa
71	243.9	32517.2	246.0	32797.2	248.2	33090.5	250.3	33370.5	252.4	33650.5
72	254.6	33943.8	256.8	34237.1	259.0	34580.4	261.2	34823.7	263.4	35117.0
73	265.7	35423.7	268.0	35730.3	270.2	36023.6	272.6	36343.6	274.3	36636.9
74	277.2	36956.9	279.4	37250.2	281.8	37570.1	284.2	37890.1	286.6	38210.1
75	289.1	38543.4	291.5	38863.4	294.0	39196.7	296.4	39516.6	298.8	39836.6
76	301.4	40183.3	303.8	40503.2	306.4	40849.9	308.9	41183.2	311.4	41516.5
77	314.1	41876.4	316.6	42209.7	319.2	42556.4	322.0	42929.7	324.1	43276.3
78	327.3	43636.3	330.0	43996.3	332.8	44369.0	335.6	44742.9	338.2	45089.5
79	341.0	45462.8	343.8	45836.1	346.6	46209.4	349.4	46582.7	352.2	46956.0
80	355.1	47342.6	358.0	47729.3	361.0	48129.2	363.8	48502.5	366.8	48902.5
81	369.7	49289.1	372.6	49675.8	375.6	50075.7	378.8	50502.4	381.8	50902.3
82	384.9	51315.6	388.0	51728.9	391.2	52155.6	394.4	52582.2	397.4	52982.2
83	400.6	53408.8	403.8	53835.4	407.0	54262.1	410.2	54688.7	413.6	55142.0
84	416.8	55568.6	420.2	56021.9	423.6	56475.2	426.8	56901.8	430.2	57355.1
85	433.6	57808.4	437.0	58261.7	440.4	58715.0	444.0	59195.0	447.5	59661.6
86	450.9	60114.9	454.4	60581.5	458.0	61061.5	461.6	61541.4	465.2	62021.4
87	468.7	62488.0	472.4	62981.3	476.0	63461.3	479.8	63967.9	483.4	64447.9
88	487.1	64941.1	491.0	65461.1	494.7	65954.4	498.5	66461.0	502.2	66954.3
89	506.1	67474.3	510.0	67994.2	513.9	68514.2	517.8	69034.1	521.8	69567.4
90	525.76	70095.4	529.77	70630.0	533.80	71167.3	537.86	71708.0	541.95	72253.9
91	546.05	72800.5	550.18	73351.1	554.35	73907.1	558.53	74464.3	562.75	75027.0
92	566.99	75592.2	571.26	76161.5	575.55	76733.5	579.87	77309.4	584.22	77889.4
93	588.60	78473.3	593.00	79059.9	597.43	79650.6	601.89	80245.2	606.38	80843.8
94	610.90	81446.4	615.44	82051.7	620.01	82661.0	624.61	83274.3	629.24	83891.5
95	633.90	84512.8	638.59	85138.1	643.30	85766.0	648.05	86399.3	652.82	87035.3
96	657.62	87675.2	662.45	88319.2	667.31	88967.1	672.20	89619.0	677.12	90275.0
97	682.07	90934.9	687.04	91597.5	692.05	92265.5	697.10	92938.8	702.17	93614.7
98	707.27	94294.7	712.40	94978.6	717.56	95666.5	722.75	96358.5	727.98	97055.7
99	733.24	97757.0	738.52	98462.3	743.85	99171.6	749.20	99884.8	754.58	100602.1
100	760.00	101324.7	765.45	102051.3	770.93	102781.9	776.44	103516.5	782.00	104257.8
101	787.57	105000.4	793.18	105748.3	798.82	106500.3	804.50	107257.5	810.21	108018.8

注：摘自印永嘉主编．物理化学简明手册．北京：高等教育出版社．1988：132．

6. 水的密度

$t/℃$	$10^{-3}\rho/(kg/m^3)$	$t/℃$	$10^{-3}\rho/(kg/m^3)$	$t/℃$	$10^{-3}\rho/(kg/m^3)$
0	0.99987	20	0.99823	40	0.99224
1	0.99993	21	0.99802	41	0.99186
2	0.99997	22	0.99780	42	0.99147
3	0.99999	23	0.99756	43	0.99107
4	1.00000	24	0.99732	44	0.99066
5	0.99999	25	0.99707	45	0.99025
6	0.99997	26	0.99681	46	0.98982
7	0.99997	27	0.99654	47	0.98940
8	0.99988	28	0.99626	48	0.98896
9	0.99931	29	0.99597	49	0.98852
10	0.99973	30	0.99567	50	0.98807
11	0.99963	31	0.99537	51	0.98762
12	0.99952	32	0.99505	52	0.98715
13	0.99940	33	0.99473	53	0.98669
14	0.99927	34	0.99440	54	0.98621
15	0.99913	35	0.99406	55	0.98573
16	0.99897	36	0.99371	60	0.98324
17	0.99880	37	0.99336	65	0.98059
18	0.99862	38	0.99299	70	0.97781
19	0.99843	39	0.99262	75	0.97489

注：摘自 International Critical Tables of Numerical Data. Physics，Chemistry and Technology. 1930，Ⅲ：25.

7. 20℃下乙醇水溶液的密度

乙醇的质量分数/%	$10^{-3}\rho/kg\cdot m^{-3}$	乙醇的质量分数/%	$10^{-3}\rho/kg\cdot m^{-3}$
0	0.99828	55	0.90258
10	0.98187	60	0.89113
15	0.97514	65	0.87948
20	0.96864	70	0.86766
25	0.96168	75	0.85564
30	0.95382	80	0.84344
35	0.94494	85	0.83095
40	0.93518	90	0.81797
45	0.92472	95	0.80424
50	0.91384	100	0.78934

注：摘自 International Critical Tables of Numerical Data，Physics，Chemistry and Technology. 1930，Ⅲ：116.

8. 水在不同温度下的折射率、黏度和介电常数

温度/℃	折射率 n_D	黏度[①]$10^3\eta/kg \cdot m^{-1} \cdot s^{-1}$	介电常数[②]ε_r
0	1.33395	1.7702	87.74
5	1.33388	1.5108	85.76
10	1.33369	1.3039	83.83
15	1.33339	1.1374	81.95
20	1.33300	1.0019	80.10
21	1.33290	0.9764	79.73
22	1.33280	0.9532	79.38
23	1.33271	0.9310	79.02
24	1.33261	0.9100	78.65
25	1.33250	0.8903	78.30
26	1.33240	0.8703	77.94
27	1.33229	0.8512	77.60
28	1.33217	0.8328	77.24
29	1.33206	0.8145	76.90
30	1.33194	0.7973	76.55
35	1.33131	0.7190	74.83
40	1.33061	0.6526	73.15
45	1.32985	0.5972	71.51
50	1.32904	0.5468	69.91

注：摘自 John A Dean. Lange's Handbook of Chemistry. 13th ed. 1985：10-99.

① 黏度是指单位面积的液层，以单位速度流过相隔单位距离的固定液面时所需的切线力。其单位是：每平方米秒牛顿，即 $N \cdot s \cdot m^{-2}$ 或 $kg \cdot m^{-1} \cdot s^{-1}$ 或 $Pa \cdot s$（帕·秒）。

② 介电常数（相对）是指某物质作介质时，与相同条件真空情况下电容的比值。故介电常数又称相对电容率，无量纲。

9. 不同温度 (t) 下水的表面张力

t	$10^3\sigma/N \cdot m^{-1}$	t	$10^3\sigma/N \cdot m^{-1}$	t	$10^3\sigma/N \cdot m^{-1}$	t	$10^3\sigma/N \cdot m^{-1}$
0	75.64	17	73.19	26	71.82	60	66.18
5	74.92	18	73.05	27	71.66	70	64.42
10	74.22	19	72.90	28	71.50	80	62.61
11	74.07	20	72.75	29	71.35	90	60.75
12	73.93	21	72.59	30	71.18	100	58.85
13	73.78	22	72.44	35	70.38	110	56.89
14	73.64	23	72.28	40	69.56	120	54.89
15	73.59	24	72.13	45	68.74	130	52.84
16	73.34	25	71.97	50	67.91		

注：摘自 AP Miller. Lange's Handbook of Chemistry. 11th ed. 1973：10-265.

参考文献

[1] 郭翠梨.化工原理实验.2版.北京:高等教育出版社,2013.

[2] 王卫东,徐洪军,张振坤,等,化工原理实验.北京:化学工业出版社,2017.

[3] 程远贵,曹丽淑.化工原理实验.成都:四川大学出版社,2011.

[4] 邓秋林,卿大咏.化工原理实验.北京:化学工业出版社,2020.

[5] 王勇,吉琳,左霞.化工基础实验.北京:科学出版社,2020.

[6] 张金利,郭翠梨.化工基础实验.2版.北京:化学工业出版社,2018.

[7] Ju G, Liu J, Li D, et al. Chemical and equipment-free strategy to fabricate water/oil separating materials for emergent oil spill accidents [J]. Langmuir, 2017, 33(10): 2664-2670.